开滦矿区工作面煤与瓦斯突出预测新技术

齐黎明　高　旭　关联合　著

应急管理出版社

·北　京·

内　容　提　要

本书提出了工作面煤与瓦斯突出预测敏感指标确定新方法，给出了突出煤层掘进工作面允许进尺计算方法，系统地介绍了多种专用钻屑收集装置、工作面煤与瓦斯突出预测资料信息化管理技术，阐述了工作面煤与瓦斯突出预测工作应遵循的规范（企业标准初稿），探索了工作面煤与瓦斯突出预测新指标和预警新技术。

本书可供从事煤与瓦斯突出防治的科研工作人员阅读，也可供科研院所和高等院校相关专业的师生参考。

前　言

在两个"四位一体"综合防突措施中，区域突出危险性验证、工作面突出危险性预测和工作面防突措施效果检验均采用工作面突出危险性预测方法，因此，工作面煤与瓦斯突出危险性预测非常重要。然而，市场上尚无专门介绍工作面煤与瓦斯突出危险性预测的书籍，广大工程技术人员和科研工作者只能在法律法规框架范围内，依靠各自的经验摸索着开展此项工作，如此必然存在很大差异，甚至出现突出风险误判；另外，高瓦斯矿井因没有专门的防突专业队伍，在延深达到或超过 50 m、开拓新采区和深部石门揭煤时实施工作面煤与瓦斯突出危险性预测，亟须技术指导。本书可为工作面煤与瓦斯突出危险性预测工作的实施提供技术指导。

在工作面煤与瓦斯突出危险性预测方面，前人做了大量研究工作，具体如下：①提出了多种预测指标方法，其中钻屑指标法、复合指标法和 R 值指标法是《防治煤与瓦斯突出细则》主要推荐方法；②探索了预测指标敏感性判断方法，主要有"三率法"等；③制定了《钻屑瓦斯解吸指标测定方法》（AQ/T 1065—2008）和《钻孔瓦斯涌出初速度的测定方法》（MT/T 639—2019）等预测指标测试方法；④探索了多种突出预警方法，预警指标主要包括微震、电磁辐射和瓦斯涌出特征等；⑤个别煤矿企业也编写了企业标准。

以上研究工作推动了工作面煤与瓦斯突出危险性的准确预测、预警，但是，仍需进一步改进、完善，表现为：①传统指标敏感性确定方法的应用，必须拥有大量突出和非突出的基础数据，在采取区域综合防突措施后，动力现象很少，即无法实施传统方法；②工作面突出危险性预测结果受钻孔施工人员素质、施工设备新旧程度和工艺流程等因素的影响，个别企业出台的企业标准很粗糙，实用价值不高，工作面突出危险性预测急需统一标准；③现行的煤与瓦斯突出预警方法尚不成熟，需要进一步丰富和发展等。

本书从提高工作面煤与瓦斯突出预测结果的准确性、可靠性出发，深入分析了开滦矿区煤与瓦斯突出控制性因素，提出了工作面煤与瓦斯突出预测敏感指标确定方法，研发了煤层钻孔的钻屑收集器，开发了工作面煤与瓦斯突出预测资料信息化管理系统，建立了工作面煤与瓦斯突出预测规范，探索了工作面煤与瓦斯突出预测预警新技术，对工作面煤与瓦斯突出预测工作具有很好的指导价值。

本书由齐黎明、高旭和关联合共同著作，第一章由齐黎明和高旭编写，第二章、第三章由齐黎明和关联合编写，第四章由齐黎明、高旭和关联合编写，全书由齐黎明统稿。

本书出版得到了安全工程国家级一流本科专业建设点经费、中央高校基本科研业务费（3142018028）和国家自然科学基金面上项目（52174181）的资助。在本书撰写过程中，参阅了大量中外文献，向所有文献作者表示感谢。特别感谢开滦（集团）有限责任公司武建国副总工程师、华北科技学院陈学习教授、开滦（集团）有限责任公司技术管理部郭达主任、开滦（集团）有限责任公司钱家营矿业分公司杨秀军工程师在本书编写过程中给予的指导，在此一并表示感谢！

由于水平有限，书中不足之处在所难免，敬请读者不吝赐教。

著 者

2021 年 10 月

目　　次

第一章　绪　　　论

第一节　工作面煤与瓦斯突出预测

一、工作面突出预测指标

传统经典的工作面突出预测指标主要有工作面瓦斯涌出量动态变化、钻屑温度、煤体温度、综合指标（D、K 和 R）、钻屑指标（S_{max}、Δh_2 和 K_1）、钻孔瓦斯涌出初速度、电磁辐射信号、声发射信号、微震响应信号、瓦斯地质统计指标、煤厚变异系数、软分层厚度及小断层线密度等，并采用物探、钻探等手段探测前方地质构造，观察分析煤体结构和采掘作业、钻孔施工中的各种现象，进行工作面突出危险性综合预测。

近年来，林柏泉等提出了煤巷卸压区参数指标，蒋承林提出了瓦斯膨胀能指标，王雨虹提出了基于煤岩体破裂声发射的燕尾型突变级数预测方法，姜波等建立了应力敏感元素指标体系，刘雪莉等提出了瓦斯流量面积矩预测指标，崔大尉等提出了基于地震信息的预测方法，张浪提出了能够将煤层瓦斯压力、地应力、煤的抗剪强度等参数关联起来的新预测指标 F，崔鸿伟提出了以瓦斯压力为主要指标的突出判式，魏风清等提出了能够反映瓦斯膨胀能的瓦斯解吸预测指标，李希建等提出了瓦斯峰谷比值法，邓明等提出了基于瓦斯涌出时间序列的预报方法，舒龙勇等得出了基于应力场演化特征的突出激发条件判据。

学者们在探索新指标的同时，也应用数学方法对传统预测指标进行处理，综合考虑多种因素的作用，对煤与瓦斯突出进行预测。应用于煤与瓦斯突出预测的主要数学方法有：徐耀松等的小波 KPCA 与 IQGA-ELM、付华等的双耦合算法、邓存宝等的正负靶心灰靶决策模型和郭德勇等的可拓聚类方法等。

二、国家法规对工作面突出预测的要求

为有效防治煤与瓦斯突出灾害，最大限度地减少因煤与瓦斯突出事故导致的

人员伤亡和财产损失，国家制定了防治煤与瓦斯突出的专项法规(《防治煤与瓦斯突出细则》)，并先后进行了多次修订，共 4 个版本。

《防治煤与瓦斯突出细则》(1988)和《防治煤与瓦斯突出细则》(1995)均要求煤与瓦斯突出防治采取"四位一体"的防突措施，《防治煤与瓦斯突出规定》(2009)开始要求采取双"四位一体"的防突措施。在"四位一体"的防突措施中，工作面煤与瓦斯突出预测占有非常重要的位置，在区域突出危险性验证、工作面突出危险性预测和工作面防突措施效果检验时，均采用工作面突出危险性预测方法。

(一) 区域突出危险性验证

《防治煤与瓦斯突出细则》第七十三条：对井巷揭煤区域进行的区域验证，应当采用本细则第八十七条所列的井巷揭煤工作面突出危险性预测方法进行。在煤巷掘进工作面和采煤工作面应当分别采用本细则第八十九条、第九十三条所列的工作面预测方法结合工作面瓦斯涌出动态变化等对无突出危险区进行区域验证。

(二) 工作面突出危险性预测

《防治煤与瓦斯突出细则》第八十七条：井巷揭煤工作面的突出危险性预测应当选用钻屑瓦斯解吸指标法或者其他经试验证实有效的方法进行。

《防治煤与瓦斯突出细则》第八十九条：可采用下列方法预测煤巷掘进工作面的突出危险性：钻屑指标法、复合指标法、R 值指标法和其他经试验证实有效的方法。

(三) 工作面防突措施效果检验

《防治煤与瓦斯突出细则》第九十三条：对采煤工作面的突出危险性预测，可参照本细则第八十九条所列的煤巷掘进工作面预测方法进行。

根据作业地点不同，工作面突出危险性预测包括井巷揭煤工作面突出危险性预测、煤巷掘进工作面突出危险性预测和采煤工作面突出危险性预测 3 种。井巷揭煤工作面突出危险性预测方法是钻屑瓦斯解吸指标法(Δh_2 或 K_1)；煤巷掘进工作面和采煤工作面突出危险性预测方法有 3 种，分别是钻屑指标法、复合指标法和 R 值指标法。

《防治煤与瓦斯突出细则》给出的工作面突出危险性预测推荐方法共涉及 4 种指标；Δh_2、K_1 均为瓦斯解吸指标，S 为钻屑量，q 为钻孔瓦斯涌出初速度；在不同的地质条件下，各指标在预测煤与瓦斯突出风险的敏感性方面存在差异。

如果选用的指标不敏感，会导致风险误判，造成事故。因此，很多省份出台的地方性法规明确要求突出矿井开展突出危险性预测敏感指标优选，如《河北省煤矿瓦斯综合治理办法》（2018年6月1日起执行）第三十九条明确提出：有突出矿井的煤矿企业应根据所属矿井煤层的不同状况，确定符合实际的防突预测预报指标体系。

第二节　工作面煤与瓦斯突出预测敏感指标

敏感指标是指突出预测时，能灵敏地反映突出危险程度，明显地区分煤体是否具有突出危险的预测指标。突出预测敏感指标在进行工作面预测时，突出与非突出的测值要有明显的界限，交叉较少甚至无交叉。

针对怎样确定敏感指标的问题，国外相关研究较少，国内近年来进行了较多研究。屠锡根、哈明杰给出了确定敏感指标的定量判断标准，当能够同时满足预测突出率低于30%、预测突出准确率超过60%、预测威胁准确率超过95%时，就认为该指标为煤层突出预测的敏感指标；王佑安、王魁军提出了根据预测数据计算预测突出率、预测突出准确率以及预测不突出准确率来确定敏感指标的方法，即"三率法"。"四率法"是在"三率法"的基础上改进来的，增加了能够反映突出漏报率的预测准确率。周松元运用专家统计法定量分析预测数据，并根据分析结果与突出危险的关系确定敏感指标；孙东玲运用方差分析法结合喷孔率，分析了突出预测指标的敏感度；彭荣富利用灰色关联分析法分析不同指标与突出的关联性来确定敏感指标；李成武在焦作、北票等地试验了模糊理论确定预测指标临界值的有效性；王世超建立了基于模糊数学和多元统计的预测指标敏感度函数数学模型；赵涛涛、张兆一采用了模糊聚类分析方法确定敏感指标；杨宏民等提出了基于"三率法"和模糊聚类分析方法确定敏感指标的方法；史广山利用主成分分析和指标的离散性对回采工作面预测指标的敏感性进行了分析；张嘉勇通过离散回归理论分析，将瓦斯涌出量特征值作为预警指标。

上述传统指标敏感性确定方法的应用，必须拥有大量突出和非突出的基础数据，否则无法实施。在突出煤层中，一般认为真正具有突出危险的区域仅占10%，并且在开展工作面局部突出预测之前，已经采取了区域综合防突措施，突出危险性已经基本消除。在井下工作面突出危险性预测中，动力现象很少，甚至几乎没有。因此，传统方法在新时代面临很大的局限性。

第三节　工作面煤与瓦斯突出预测工作

在突出矿井的突出煤层采掘作业过程中，工作面突出危险性预测是一项日常性工作；采用的方法主要为《防治煤与瓦斯突出细则》给出的推荐方法，按照《防治煤与瓦斯突出细则》规定，施工预测钻孔，测试推荐方法的指标数据，并判断突出危险性；预测结果经相关人员签字后，由专人、专柜保存。

在推荐的 4 种指标中，《钻屑瓦斯解吸指标测定方法》（AQ/T 1065—2008）对 Δh_2 和 K_1 的测定做出了相关要求；《钻孔瓦斯涌出初速度的测定方法》（MT/T 639—2019）对 q 的测定也做出了相关要求。有关钻屑量 S 的测定，尚未统一标准，并且，在测定过程中存在诸多需要解决的问题，如孔口垮塌造成测定结果失真、煤尘飘浮影响工人身体健康和钻杆高速旋转容易造成机械伤害等问题。

预测资料采用纯粹的纸质化管理，与当前的信息化发展趋势不符，因此，需要开发工作面突出危险性预测资料信息化管理系统，提升资料管理工作的系统性。另外，有关工作面突出危险性预测工作如何实施？目前，既没有国家标准，也没有行业和地方标准；虽然个别企业出台了企业标准，但是很粗糙，实用价值不高。工作面突出危险性预测结果受钻孔施工人员素质、施工设备新旧程度和工艺流程等因素的影响，工作面突出危险性预测急需统一标准，预测结果才有可比较性，才能更加准确、可靠。

第二章　工作面突出危险性
预测敏感指标

第一节　工作面突出预测指标敏感性分析

一、工作面突出预测指标的应用情况

（一）调研对象与方式

在全国范围内，选定河南、安徽、山西、河北、贵州和四川等省份为主要调研区域，调研对象为已经确定了突出预测敏感指标的矿井（或煤层）。调研方式包括 3 种：一是通信（包括电话、邮件、QQ 和微信等）咨询；二是现场考察；三是网络搜索。

（二）调研内容

调研内容主要包括突出预测指标的选用情况及地质条件（主要包括地应力、瓦斯压力、煤体强度、瓦斯放散初速度及构造种类与分布情况等）。通过调研共获得 59 个样本，具体信息见表 2-1。

表 2-1　调研信息统计表

所属行政区域	所属矿区或煤层信息	敏感指标	特　点
河南	郑州大平煤矿二₁煤层	$q > S$	Ⅳ、Ⅴ类煤，$f_{min} = 0.1$，$\Delta P > 4.0$ kPa。深部瓦斯压力大于 1.0 MPa
	郑州告城矿二₁煤层	q	瓦斯含量为 17.35 m³/t，$f = 0.2 \sim 0.5$
	郑州中煤新登煤业二₁煤层	S、q	Ⅳ类煤，最大瓦斯压力（表压）为 0.15 MPa，$f_{min} = 0.13$，$\Delta P_{max} = 3.2$ kPa

表 2-1（续）

所属行政区域	所属矿区或煤层信息	敏感指标	特 点
河南	郑州桧树亭煤矿二₁煤层	q、S	$\lambda = 0.0145\ \mathrm{m^2/(MPa^2 \cdot d)}$，$f = 0.15 \sim 0.26$，$\Delta P = 1.6 \sim 1.7$ kPa。瓦斯压力为 0.1 $\sim$ 0.27 MPa，瓦斯含量为 2.60 $\sim$ 4.81 $\mathrm{m^3/t}$
	郑州煤电股份有限公司芦沟煤矿二₁煤层	S、q	瓦斯含量为 1.06 $\sim$ 6.76 $\mathrm{m^3/t}$，$f = 0.27$，$\Delta P = 2.1 \sim 5.3$ kPa
	郑州国投河南王行庄矿二₁煤层	$\Delta h_2 > q > K_1 > S$	Ⅲ $\sim$ Ⅴ 类煤，$\lambda = 0.0145\ \mathrm{m^2/(MPa^2 \cdot d)}$，$f = 0.155 \sim 0.163$
	平十二矿己15煤层	Ⅰ、Ⅱ、Ⅲ类煤，S Ⅳ、Ⅴ类煤，S、q	以压出为主，伴有冲击地压危险，煤质较脆。突出绝大多数发生在煤层厚度变化区，63%的突出分布在断层附近 20 m 范围内，且距小断层 10 m 范围的突出频率最高
	平顶山首山一矿己15煤层	$q > S$	$f = 0.11 \sim 0.12$，$\Delta P = 2.1 \sim 2.3$ kPa
	平煤九矿己16~17煤层	$q > S > \Delta h_2$	
	平煤八矿戊9~10煤层	$q > s > \Delta h_2$	构造复杂
	河南神火新庄煤矿二₂、三₂煤层	S、q	煤的硬度较低
	永城薛湖煤矿二₂煤层	$S > q > \Delta h_2$	$f = 0.25 \sim 0.46$，地应力是控制突出发生的主要因素，煤的物理力学性质对突出也有至关重要的影响，突出地点均存在大于 0.2 m 厚的构造煤
	义马矿区义安矿	q 和 Δh_2	松软煤层
	豫西矿区"三软"煤层	q	Ⅳ、Ⅴ类煤，$f < 0.35$，有的为 0.1 左右；$\lambda = 0.008 \sim 0.01\ \mathrm{m^2/(MPa^2 \cdot d)}$
	安阳龙山煤矿二₁煤层	$q > \Delta h_2$	瓦斯压力为 1.89 MPa，含量高，透气性低
安徽	淮南顾桥矿 C13-1 煤层	$S > \Delta h_2 > K_1 > q$	采深 800 m，瓦斯压力为 1.7 MPa，$f = 0.54$，$\Delta P = 0.8$ kPa，Ⅲ $\sim$ Ⅳ类煤，在 S 指标超标的地点构造较发育
	淮南潘一矿 C13-1 煤层	$\Delta h_2 > q$	巷道煤体为黑色，以粉末状为主
	淮南国投刘庄矿 C13-1 煤层	S、Δh_2、K_1	软分层，$f = 0.25$，$\Delta P = 1.3$ kPa；全断面煤样，$f = 1.1$，$\Delta P = 1.3$ kPa

表 2-1（续）

所属行政区域	所属矿区或煤层信息	敏感指标	特 点
安徽	淮南矿区 B4 煤层	S、K_1	$\Delta P = 0.8 \sim 1.6$ kPa，$f = 0.20 \sim 0.22$，高应力，高瓦斯压力
	淮南丁集矿 11-2 煤层	S	瓦斯含量为 5.16 m³/t 和 3.47 m³/t。$f = 0.39 \sim 0.79$；$\Delta P = 0.044 \sim 0.67$ kPa。赋存深度大，地应力高，在地质构造带附近，应力集中严重
	淮南潘三矿 11-2 煤层	S、q	突出危险地点多位于地质构造附近，且突出征兆多与地应力有关。突出受控于地质构造，其主导因素为地应力
	淮南李嘴孜矿 A1 煤层	S、q	吸钻比较严重，钻屑颗粒较小，大部分钻屑粒径小于 1 mm
	谢一矿望峰岗井 C15 煤层	S、K_1	$f = 0.33 \sim 0.58$，$\Delta P = 0.53 \sim 0.67$ kPa，地点-700 m
	淮南谢桥矿 8 煤层	$S > q > K_1$	
	淮北许疃井田	Δh_2	$\Delta P = 1.2$ kPa，$f = 0.46$
	皖北煤电孟庄矿	Δh_2、S	可燃质瓦斯含量最高为 9.98 cm³/g，瓦斯压力最高为 2.4 MPa
	皖北煤电前岭矿	S、K_1	
山西	昔阳白羊岭煤矿 15 煤层	$K_1 > S > \Delta h_2$	Ⅲ～Ⅳ类煤，瓦斯压力为 0.82 MPa，$f = 0.16$，$\Delta P = 2.7$ kPa
	潞安高河矿 3 煤层	Δh_2 为主，S 为参考指标（考虑构造问题）	
	阳泉上社煤矿 15 煤层	K_1、S	$f = 0.34 \sim 0.39$，$\Delta P = 3.5 \sim 4.0$ kPa
	阳泉寺家庄煤矿 15 煤层	K_1	瓦斯含量为 11.22 ～ 19.11 m³/t
	晋城赵庄矿 3 煤层	S、K_1	
	晋城寺河矿 3 煤层	K_1	瓦斯压力为 2.12 MPa，瓦斯含量为 28.97 m³/t，Ⅱ～Ⅳ类煤
	晋城大宁 3 煤层	K_1	$f = 0.2 \sim 0.3$，$\Delta P = 2.7 \sim 4.0$ kPa，含量大、压力高。突出以瓦斯压力为主，突出后瓦斯涌出量大

表 2-1（续）

所属行政区域	所属矿区或煤层信息	敏感指标	特　点
山西	西山煤电屯兰矿	$K_1 > S > \Delta h_2$	
重庆	松藻煤矿 K_1 煤层	K_1、S	突出与地质构造及赋存变化关系密切，特别是在断层影响区
河北	张家口宣东二矿Ⅲ3煤层	q、S	埋深 750～1000 m，岩浆岩作用控制煤层瓦斯含量和压力、构造煤发育和分布，构造应力集中
	邯郸通顺矿业有限公司 2 煤层	Δh_2 为主，S 为辅	相对瓦斯压力为 0.14～0.33 MPa，$f = 0.43$～0.56，$\Delta P = 2.4$～2.9 kPa
	峰峰薛村矿	Δh_2	突出以瓦斯压力为主，涌出量较大
	峰峰集团小屯矿 2 煤层	$\Delta h_2 > S$	$f = 0.53$
云南	曲靖恩洪煤矿 C9 煤层	K_1 为主，S 为参考指标（考虑构造问题）	V 类煤，$\Delta P = 3.1$ kPa，$f = 0.18$，绝对瓦斯压力为 1.12 MPa
	曲靖富源县平庆煤业有限公司 C7+8 煤层	$K_1 > S$	动力以瓦斯压力为主，地应力为辅
贵州	贵州某矿 11 煤层	$K_1 > \Delta h_2 > S$、q	$\Delta P = 5.3$ kPa，含量和压力分别为 11.14 m³/t 和 0.96 MPa，$f = 0.13$～0.17
	贵州 104 对煤矿	K_1、Δh_2、S	$K_1 = 92.3\%$，仅安顺煤矿和五凤煤矿用 q
	水城大湾煤矿 11 煤层	K_1	瓦斯含量为 10.87 m³/t
	安顺矿区 M9 煤层	q	
四川	华蓥山 K_1 煤层	S、K_1	平均倾角为 46°，垂深 460～870 m，地压大，瓦斯压力为 3.2 MPa，瓦斯含量大于 18 m³/t，软分层煤厚度为 1.2～1.4 m。突出点大多位于煤层地质构造变化带，且软分层厚度增大，突出点前后煤层厚度变化较大
	六技局四角田矿	K_1	压力为 3.45 MPa
	乐平矿务局沿沟煤矿 7 煤层	$\Delta h_2 > S$	

表 2-1（续）

所属行政区域	所属矿区或煤层信息	敏感指标	特 点
四川	泸州石屏一矿 C19、C24 煤层	$K_1 > S > \Delta h_2$	$f = 0.45$、0.47，$\Delta P = 2.4$ kPa、2.7 kPa，Ⅲ类煤，相对瓦斯压力为 1.45 MPa、1.42 MPa，瓦斯含量为 15.9 m³/t、10.7 m³/t
江苏	徐州张集煤矿	Δh_2	标高为 $-775 \sim -895$ m，煤质松软，裂隙发育，层间滑动明显
陕西	韩城桑树坪矿	K_1	Ⅲ~Ⅴ类煤，瓦斯含量为 $9.0 \sim 9.5$ m³/t
陕西	韩城下峪口矿 2 煤层	S，Ⅰ~Ⅲ类煤	$f = 0.16 \sim 0.21$，瓦斯放散能力中等，存在冲击与突出危险
		Δh_2、S，Ⅳ~Ⅴ类煤	
内蒙古	阿拉善左旗松树滩煤矿	Δh_2	$f = 1.02 \sim 1.29$，瓦斯含量为 $6.47 \sim 10.56$ m³/t，$\Delta P = 3.0 \sim 3.5$ kPa
黑龙江	鹤岗煤田南山煤矿	Δh_2、S	Ⅱ~Ⅲ类煤，$\Delta P = 666.6 \sim 1733.2$ Pa，$f = 0.14 \sim 0.7$，相对瓦斯压力为 $0.87 \sim 0.95$ MPa
宁夏	神华宁煤乌兰煤矿 7 煤层	S、K_1	$f = 0.18 \sim 0.39$，$\Delta P = 0.93 \sim 2.1$ kPa
其他	某矿 021710 工作面	Δh_2	埋深 $700 \sim 740$ m，瓦斯含量为 9.87 m³/t；压力为 1.09 MPa，Ⅲ类煤，$\Delta P = 1.8$ kPa，$f = 0.12$
	某矿 C19 煤层	S、K_1	$f = 0.22 \sim 0.71$，$\Delta P = 3.6 \sim 5.5$ kPa，Ⅱ~Ⅲ类煤

（三）调研内容分析

1. 钻孔瓦斯涌出初速度 q 的适用条件分析

由表 2-1 可知，钻孔瓦斯涌出初速度 q 在河南得到广泛使用，并且在安徽淮南矿区、河北张家口及贵州局部地区均有使用；将钻孔瓦斯涌出初速度 q 作为突出预测敏感指标的区域有一个共同特点：属于典型的突出煤层（f 值低、ΔP 值高、低透气性和Ⅳ、Ⅴ类煤）。因此，对于典型的突出煤层，建议选择该指标作为敏感指标。

2. 瓦斯解吸指标 Δh_2 和 K_1 的适用条件分析

由表 2-1 可知，瓦斯解吸指标 Δh_2 和 K_1 作为敏感指标的应用非常广泛，除了典型的突出煤层区域和高应力区域（采深大、构造复杂），一般都优先选用瓦

斯解吸指标 Δh_2 和 K_1 作为敏感指标，并且，选择它们的区域，一般瓦斯都比较高。因此，对于以瓦斯为主导的突出，建议选择该指标作为敏感指标。

3. 钻屑量 S 的适用条件分析

由表 2-1 可知，除了局部区域外，几乎所有的调研对象都将钻屑量 S 作为敏感指标，特别是在采深大、构造复杂的区域，该指标的地位更加重要，因此，对于以应力为主导的突出，建议选择该指标作为敏感指标。

二、工作面突出预测指标的工作原理

《煤矿安全规程》和《防治煤与瓦斯突出细则》推荐的工作面预测指标共涉及 4 种，分别是 Δh_2、K_1、q 和 S，为此，在指标工作原理方面，以它们作为分析对象。

(一) 瓦斯解吸指标

1. Δh_2 的工作原理

钻屑瓦斯解吸指标 Δh_2 的物理意义是指 10 g 煤样自暴露于自由空间中，第 4 min 和第 5 min 的瓦斯解吸量。目前，现场及实验室测定 Δh_2 大小所用的 MD-2 型瓦斯解吸仪是一种变容变压式仪器，其基本原理是：在不进行煤样脱气和充瓦斯的条件下，利用煤钻屑中的残存瓦斯所形成的压力，向仪器内的密闭空间释放瓦斯，造成仪器内空间体积及压力发生变化，从水柱压差的变化体现出解吸出的瓦斯量的大小。

由 MD-2 型瓦斯解吸仪的使用说明书，可知单位质量煤样第 4 min 和第 5 min 瓦斯解吸体积 Q 和 Δh_2 的关系，见式 (2-1)。

$$Q = 0.0082\Delta h_2/10 \qquad (2-1)$$

式中　　　Q——每克煤样瓦斯解吸体积，cm^3/g；

　　　　　10——玻璃瓶内煤样质量，g；

　　0.0082——MD-2 型瓦斯解吸仪的结构常数。

王佑安等通过试验论证研究证明了 Δh_2 的大小与测定前煤样暴露时间、煤样粒度大小、煤的破坏类型、煤层原始瓦斯压力等有很大的关系。

2. K_1 的工作原理

钻屑瓦斯解吸指标 K_1 是原煤炭科学研究总院重庆分院提出的。其物理意义是：煤样自暴露于自由空间中，解吸第 1 min 内单位质量（每克）煤样的瓦斯解吸总量，单位是 $mL/(g \cdot min^{\frac{1}{2}})$。它的提出是以国内外众多学者研究钻屑瓦斯解吸规律的成果为基础的。英国剑桥大学 R. M. Barrer 基于天然沸石对气体吸附的研究，认为吸附和解吸是可逆过程，气体累计吸附量和累计解吸量与时间的变化具有式（2-2）的变化关系。

$$\frac{Q_t}{Q_\infty} = \frac{2A}{V} \sqrt{\frac{Dt}{\pi}} \qquad (2-2)$$

式中　Q_t——到时间 t 为止的解吸瓦斯量，cm^3/g；

　　　Q_∞——经过无限时间所能解吸出的瓦斯量，cm^3/g；

　　　A——试样的外部表面积，cm^2/g；

　　　D——扩散系数，cm^2/min；

　　　V——单位质量试样的体积，cm^3/g；

　　　π——圆周率。

可将式（2-2）简化变形为

$$Q = K_1 \sqrt{t} \qquad (2-3)$$

式中　Q——单位质量煤样从暴露时刻起到时间 t 内的瓦斯解吸总量，cm^3/g；

　　　t——煤样的暴露总时间，min。

$$t = 0.1L + t_1 + t_2 \qquad (2-4)$$

式中　L——取煤样时钻孔的深度（钻孔长），m；

　　　t_1——煤样从暴露时刻到开始测定时的时间，min；

　　　t_2——从开始测定到读取数据 Q 所经历的时间，min。

式（2-3）中的系数 K_1 是目前常用的钻屑瓦斯解吸指标之一，它反映了煤样初始瓦斯解吸速度的快慢。当 $t=1$ 时，$K_1 = Q$，说明 K_1 就是煤样暴露后第 1 min 内每克煤样的瓦斯解吸量。

研究表明：钻屑解吸指标 K_1 的大小不仅与煤层瓦斯含量有关，而且与煤的破坏类型及煤质特性有密切的关系，它能较好地反映煤层的突出危险性。

3. Δh_2 和 K_1 的关系

Δh_2 和 K_1 本质上属于同一类指标，两个指标都是一段时间内的累计解吸量。

两个指标之间的不同之处在于：K_1 是煤样暴露后第 1 min 内的解吸量，而 Δh_2 是第 3~5 min 的解吸量；Δh_2 是实际测量的解吸量，K_1 是按照解吸规律依据巴雷尔式推算出来的。

两个指标之间的联系是：按照 $Q = K_1 \sqrt{t}$ 计算，如果假设 C 为 MD-2 型瓦斯解

吸仪水柱和毫升之间的转换系数，则 Δh_2 可表示为

$$\Delta h_2 = \frac{K_1\sqrt{5} - K_1\sqrt{3}}{C} = \frac{(\sqrt{5} - \sqrt{3})K_1}{C} = nK_1 \qquad (2-5)$$

由式（2-5）可以看出，钻屑瓦斯解吸指标 Δh_2 和 K_1 之间存在正比例关系，比例常数 n 是由煤质特性和瓦斯放散性质决定的。

因此，Δh_2 和 K_1 预测煤与瓦斯突出危险性的工作原理是它们能够综合反映煤样瓦斯的大小及该煤种释放瓦斯的快慢。

（二）q 的工作原理

钻孔瓦斯涌出初速度 q 是指在打钻结束后，马上进行封孔，测定封闭段中涌出的最大瓦斯量。其工作原理基于突出煤和非突出煤在瓦斯解吸量和解吸速度上的差异，突出煤瓦斯解吸量大，初始瓦斯解吸速度快，解吸量随时间的衰减变化也快。

1. q 值测量室气体压力理论分析

根据《防治煤与瓦斯突出细则》规定，钻孔瓦斯涌出初速度测定的瓦斯室空间为钻孔前方 1 m 长的钻孔，具体如图 2-1 所示。该部分钻孔孔壁周围和钻孔端部煤壁的瓦斯向钻孔内流动，同时钻孔内的气体压力上升，并且向孔口方向流出瓦斯。

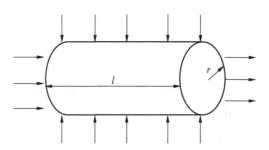

图 2-1　q 值测定室内瓦斯流动示意图

根据周世宁的煤层瓦斯流动理论，钻孔煤壁瓦斯涌出量可表示为

$$q = (p_1^2 - p^2)\left(\frac{\lambda}{r} + \sqrt{\frac{\lambda\alpha}{4\pi p_1^{\frac{3}{2}}t}}\right) \qquad (2-6)$$

式中　　q——单位面积瓦斯涌出量，m/d；

　　　　p_1——煤层瓦斯压力，MPa；

　　　　p——钻孔内瓦斯压力，MPa；

　　　　r——钻孔半径，m；

　　　　λ——煤层透气性系数，$m^2/(MPa^2 \cdot d)$；

　　　　α——瓦斯含量系数，$m^3/(m^3 \cdot MPa^{\frac{1}{2}})$；

　　　　t——瓦斯流动时间，d。

　　钻孔周围煤壁的瓦斯涌出量可表示为

$$dQ = (p_1^2 - p^2)\left(\frac{\lambda}{r} + \sqrt{\frac{\lambda\alpha}{4\pi p_1^{\frac{3}{2}} t}}\right)(\pi r^2 + 2\pi rl)dt \qquad (2-7)$$

式中　Q——钻孔煤壁瓦斯涌出量，m^3；

　　　　l——钻孔瓦斯室长度，m。

　　根据理想气体状态方程，钻孔内部气体压力上升消耗的瓦斯量可以表示为

$$dQ_1 = 10\frac{\partial p}{\partial t}\pi r^2 l dt \qquad (2-8)$$

式中　Q_1——气体压力上升所需的瓦斯量，m^3。

　　在钻孔瓦斯涌出初速度测定过程中，前期是退钻杆，后期是将封孔器送入预定位置。实际能够供瓦斯涌出的钻孔空间应为钻孔断面积与钻杆或封孔器断面积之差。一般钻杆或封孔器在钻孔内基本是匀速运动的，相比之下，没有钻杆或封孔器的那段钻孔瓦斯流动阻力基本可以忽略不计，则钻孔内气体流动存在阻力的长度可以按实际产生流量钻孔长度的一半计算。由于煤体钻孔壁面比较粗糙，与普通圆形管道相比，流通通过的阻力大，因此，应赋予一定的阻力系数，假定该系数为 K，则实际流量应为

$$dQ_2 = \frac{(p - p_0)\pi(r - r_1)^4}{4K\mu(L - l)}dt \qquad (2-9)$$

式中　Q_2——从钻孔瓦斯室内流出的瓦斯量，m^3；

　　　　p_0——井巷大气压力，MPa；

　　　　μ——瓦斯的流动黏度，$Pa \cdot s$；

　　　　L——钻孔长度，m；

　　　　r_1——钻杆或封孔器直径，m。

　　根据钻孔内的气体质量守恒定律，则有

$$dQ = dQ_1 + dQ_2 \qquad (2-10)$$

　　将式（2-7）、式（2-8）和式（2-9）代入式（2-10），则有

$$(p_1^2 - p^2)\left(\frac{\lambda}{r} + \sqrt{\frac{\lambda\alpha}{4\pi p_1^{\frac{3}{2}} t}}\right)(r^2 + 2rl) = 10\frac{\partial p}{\partial t}r^2 l + \frac{(p - p_0)(r - r_1)^4}{4K\mu(L - l)} \quad p \geqslant p_0$$

$$(2 - 11)$$

由于煤层瓦斯压力与钻孔内瓦斯室内的气体压力差异较大，则有

$$(p_1^2 - p^2) = (p_1 - p)(p_1 + p) \approx (p_1 - p)p_1 \tag{2 - 12}$$

将式 (2-12) 代入式 (2-11)，并进行简化，则有

$$\frac{\partial p}{\partial t} + \frac{1}{10r^2 l}\left[\left(\frac{\lambda}{r} + \sqrt{\frac{\lambda\alpha}{4\pi p_1^{\frac{3}{2}} t}}\right)(r^2 + 2rl)p_1 + \frac{(r - r_1)^4}{4K\mu(L - l)}\right]p = \frac{1}{10r^2 l}\left[\frac{p_0(r - r_1)^4}{4K\mu(L - l)} + \right.$$

$$\left.\left(\frac{\lambda}{r} + \sqrt{\frac{\lambda\alpha}{4\pi p_1^{\frac{3}{2}} t}}\right)(r^2 + 2rl)p_1^2\right] \tag{2 - 13}$$

式 (2-13) 为一阶非齐次线性微分方程，初始条件为：$t = 0$、$p = p_0$。求解可得

$$p = p_0 e^{-\frac{1}{10r^2 l}\left[\left(\frac{\lambda_t}{r} + 2\sqrt{\frac{\lambda\alpha}{4\pi p_1^{\frac{3}{2}}} t^{\frac{1}{2}}}\right)(r^2 + 2rl)p_1 + \frac{(r - r_1)^4 t}{4K\mu(L - l)}\right]} + \frac{1}{10r^2 l}e^{-\frac{1}{10r^2 l}\left[\left(\frac{\lambda_t}{r} + 2\sqrt{\frac{\lambda\alpha}{4\pi p_1^{\frac{3}{2}}} t^{\frac{1}{2}}}\right)(r^2 + 2rl)p_1 + \frac{(r - r_1)^4 t}{4K\mu(L - l)}\right]}$$

$$\left\{(r^2 + 2rl)p_1^2 \sqrt{\frac{\lambda\alpha t^{\frac{1}{2}}}{\pi p_1^{\frac{3}{2}}}} + \left[\frac{p_0(r - r_1)^4}{4K\mu(L - l)} + \frac{\lambda(r^2 + 2rl)p_1^2}{r} + \frac{\lambda\alpha p_1^{\frac{1}{2}}(r^2 + 2rl)^2}{20\pi r^2 l}\right]t + \right.$$

$$\frac{2}{3}\left\{\left[\frac{p_0(r - r_1)^4}{4K\mu(L - l)} + \frac{\lambda(r^2 + 2rl)p_1^2}{r}\right]\frac{(r^2 + 2rl)p_1}{5r^2 l}\sqrt{\frac{\lambda\alpha}{4\pi p_1^{\frac{3}{2}}}} + \right.$$

$$\left.\frac{(r^2 + 2rl)p_1^2}{10r^2 l}\sqrt{\frac{\lambda\alpha}{4\pi p_1^{\frac{3}{2}}}}\left[\frac{\lambda(r^2 + 2rl)p_1}{r} + \frac{(r - r_1)^4}{4K\mu(L - l)}\right]\right\}t^{\frac{3}{2}} + $$

$$\left.\frac{1}{20r^2 l}\left[\frac{p_0(r - r_1)^4}{4K\mu(L - l)} + \frac{\lambda(r^2 + 2rl)p_1^2}{r}\right]\left[\frac{\lambda(r^2 + 2rl)p_1}{r} + \frac{(r - r_1)^4}{4K\mu(L - l)}\right]t^2\right\}$$

$$(2 - 14)$$

式 (2-14) 描述了钻孔测定室内的气体压力与有关参数的关系，这些参数包括井巷大气压力、钻孔半径、钻孔瓦斯流动时间、煤层透气性系数、瓦斯含量系数、原始煤层瓦斯压力、瓦斯室长度、钻杆或封孔器半径、阻力系数、瓦斯流动黏度、钻孔长度。

2. q 值测量室气体压力演变规律分析

由于式 (2-14) 较复杂，难以直接判断这些参数对气体压力的影响，为此，

设置有关参数的数值，并进行变化，再根据气体压力分布曲线的变化来分析钻孔瓦斯流量的变化规律。

在钻孔瓦斯涌出初速度测定过程中，不同测定条件（主要包括不同煤层和不同测定钻孔深度）虽然存在很大差异，但是也有很多参数是基本一致的，具体如下：井巷大气压力通常约为 0.1 MPa，《防治煤与瓦斯突出细则》要求钻孔直径为 42 mm，瓦斯室长度为 1 m，钻杆或封孔器直径通常为 38~40 mm，瓦斯流动黏度为 1.08×10^{-5} Pa·s。因此，真正影响瓦斯室气体压力的参数只有钻孔瓦斯流动时间、煤层透气性系数、瓦斯含量系数、原始煤层瓦斯压力、阻力系数和钻孔长度。其中，瓦斯室气体压力随时间变化的曲线是主体研究内容，也可以采用计算机自动绘制，影响钻孔瓦斯室气体压力的参数见表 2-2。

表 2-2　影响钻孔瓦斯室气体压力的参数

序号	参数				
	原始煤层瓦斯压力/MPa	煤层透气性系数/ $(m^2 \cdot MPa^{-2} \cdot d^{-1})$	钻孔长度/m	瓦斯含量系数/ $(m^3 \cdot m^{-3} \cdot MPa^{-\frac{1}{2}})$	阻力系数
1	0.74	0.1	8	10	2
2	1	0.1	8	10	2
3	0.74	0.5	8	10	2
4	0.74	0.1	12	10	2
5	0.74	0.1	8	15	2
6	0.74	0.1	8	10	3

根据上述参数，可绘制不同条件下钻孔瓦斯室气体压力变化曲线，具体如图 2-2 所示。

由图 2-2 可知，在钻孔瓦斯涌出初速度测定过程中，钻孔最前方瓦斯室的气体压力呈先上升后下降的趋势，并且上升速度比下降速度快；瓦斯压力峰值为 0.19~0.41 MPa，峰值出现的时间在 2~5.4 min 之间；各因素对它们的影响不完全相同。

瓦斯室气体压力峰值大小与煤层瓦斯压力、煤层透气性系数和测定钻孔阻力系数成正比例关系，与测定钻孔长度和煤层瓦斯含量系数的关系不是很明显。

因此，钻孔瓦斯涌出初速度 q 预测煤与瓦斯突出危险性的工作原理是它能够综合反映煤样瓦斯大小及煤体的物理力学性质。

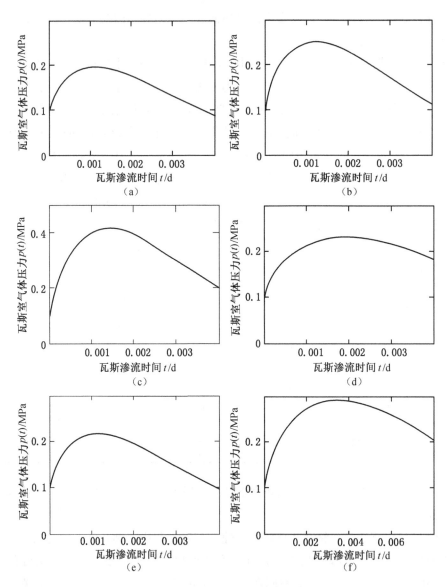

图 2-2 不同条件下瓦斯室气体压力变化曲线

(三) S 的工作原理

利用钻屑量 S 来判断井下生产过程中的动力现象（煤与瓦斯突出、冲击地压等）发生的危险性，在联邦德国、法国、苏联等国都进行过现场试验研究。我国学者结合我国的煤田具体条件，提出了以每米钻孔钻进过程中排出的钻屑质量或者体积来表征突出危险性的大小。

1. 从力学角度计算钻屑量

钻孔实体煤芯 S_0：设原始煤体容重为 ρ_0，钻孔半径 r_0 周围出现破碎圈前的原始煤屑按单位长度计算为

$$S_0 = \pi r_0^2 \rho_0 \qquad (2-15)$$

按等效应力的作用原理，多孔介质发生破坏的真实应力为有效应力，则钻孔成形后，钻孔弹性变形所形成的煤屑量 S_{e1} 为

$$S_{e1} = \frac{2\pi r_0^2 \rho_0 (W - \lambda P)(1 + \nu)}{E} \qquad (2-16)$$

式中　P ——瓦斯压力；

　　　λ ——与煤内摩擦角有关的系数；

　　　E ——煤的弹性模量

　　　ν ——泊松比。

$$\rho = W - \lambda P \qquad (2-17)$$

式中　ρ ——有效应力。

钻孔成形后，孔壁周围破碎带内煤体扩容所形成的附加钻屑量 S_p 为

$$S_p = \frac{(R^2 - r_0^2)(A - 1) - 0.667B(R^3 - r_0^3)\pi\rho_0}{A} \qquad (2-18)$$

式中　A、B ——待定系数。

破碎带形成后，由于弹性卸载作用在弹性区与破碎带交界处产生的附加煤屑 S_{e2} 为

$$S_{e2} = \frac{2\pi(1 + V)P_0 R^2 \left[\left(1 - \dfrac{r_0^2}{R^2}\right) - \dfrac{2}{k + 1}\right](W - \lambda P)}{E} \qquad (2-19)$$

由式（2-15）~式（2-18）可知，钻孔钻屑量 S 为

$$S = S_0 + S_{e1} + S_p + S_{e2} \qquad (2-20)$$

2. 从能量角度计算钻屑量

从能量角度研究钻屑量 S 可按下式计算：

$$S = S_1 + S_2 + S_3 \qquad (2-21)$$

式中　S ——钻孔的理论钻屑总量；

　　　S_1 ——根据钻孔直径计算的钻屑量；

S_2——瓦斯能量释放造成的钻屑量；

S_3——地压能量释放造成的钻屑量。

尽管从力学角度及能量角度出发得出的钻屑量计算公式不同，但它们本质上是相通的，均能从公式中看出客观因素对钻屑量的影响。

3. 钻屑量 S 的工作原理分析

当煤体强度较高时，孔壁煤体能承受较高的集中应力，贮存较多的弹性能量，容易发生冲击式脆性破坏，并把碎煤抛向钻孔空间，从而引起钻屑量剧增，但钻屑粒度较大，这可以理解为钻孔内发生小型冲击式地压或压出。

当煤体中具有一定瓦斯压力时，钻孔后钻孔周围会形成一定的瓦斯流动场，如果煤层透气性差或钻进速度快，则煤壁暴露瞬间瓦斯压力梯度很大。当引起的煤体拉应力超过煤的抗拉强度时，与地应力对煤体破坏相结合，使钻孔周围煤体自发破碎。由于瓦斯对碎煤的及时搬运，钻孔周围破坏范围很大，钻屑量和钻孔瓦斯涌出量剧增，而且钻粉粒度小，表明煤体具有煤与瓦斯突出危险。

由于地应力比瓦斯压力高一个数量级，因此，钻屑量产生的主要原因在于地应力。钻屑量 S 预测煤与瓦斯突出危险性的工作原理是它能够反映地应力和煤体强度的相对高低。

三、工作面突出预测指标的适用性和优缺点

（一）适用性

根据上述突出预测指标的应用情况及工作原理，有关各预测指标的适用性结论如下：钻孔瓦斯涌出初速度 q 主要反映了煤样瓦斯大小及煤体物理力学性质，一般适用于典型的突出煤层；瓦斯解吸指标 Δh_2 和 K_1 主要反映了煤样瓦斯大小及该煤种释放瓦斯的快慢，一般适用于以瓦斯为主导的突出煤层；钻屑量 S 主要反映了地应力和煤体强度的相对高低，一般适用于以应力为主导的突出煤层。

（二）优缺点

1. 瓦斯解吸指标

瓦斯解吸指标 Δh_2 和 K_1 均是打钻、取钻屑、测瓦斯解吸量，并通过解吸量的高低判断突出危险性。

优点：操作简单、方便，可快速获取结果。

缺点：非定点取样，测试结果误差可能较大；几乎没有反映煤体应力大小。

2. 钻孔瓦斯涌出初速度 q 指标

钻孔瓦斯涌出初速度 q 指标是打钻、快速封孔、测钻孔瓦斯流量，并通过瓦斯流量的高低判断突出危险性。

优点：可定点测试。

缺点：操作相对复杂，难以及时捕捉流量峰值，测试成功与否在很大程度上取决于钻孔质量，与煤体应力关系不大。

3. 钻屑量 S 指标

钻屑量 S 指标是打钻、取钻屑、测量体积或质量，并通过体积或质量的高低判断突出危险性。

优点：操作简单、方便，可快速获取结果。

缺点：非定点取样，测试结果误差可能较大；钻进施工工艺（包括钻进速度、钻杆弯曲程度及其连接形式和退钻次数等）对测试结果有较大影响；对瓦斯不敏感。

综上所述，各突出预测指标的适用性及其优缺点见表 2-3。

表2-3　各突出预测指标的适用性及其优缺点

指标	特　　性		
	适用性	优点	缺点
q	典型的突出煤层	可定点测试	操作相对复杂，难以及时捕捉流量峰值，测试成功与否在很大程度上取决于钻孔质量，与煤体应力关系不大
Δh_2 和 K_1	以瓦斯为主导的突出煤层	操作简单、方便、快速	非定点取样，测试结果误差可能较大；几乎没有反映煤体应力大小
S	以应力为主导的突出煤层	操作简单、方便、快速	非定点取样及钻进施工工艺，均对测试结果具有较大影响；对瓦斯不敏感

第二节　工作面突出预测敏感指标确定方法

一、煤与瓦斯突出特征分析

确定工作面煤与瓦斯突出预测敏感指标的第一步是摸清煤层的突出特征，找出煤与瓦斯突出控制性因素；具体方法有煤与瓦斯突出历史资料调查分析（包括该煤层、邻近层及相邻矿井的该煤层）、数值模拟反演煤与瓦斯突出过程、现场测试煤与瓦斯突出数据、收集煤与瓦斯突出资料，以及与现场工程技术人员交流有关信息等。

二、地方法律法规的相关要求

查阅地方政府的有关法律法规，掌握地方政府法律法规对工作面煤与瓦斯突出的有关要求，确保选择的指标及其测试设备等符合要求。例如，《河北省煤矿瓦斯综合治理办法》第四十七条要求，工作面突出危险性预测和工作面防突措施效果检验应至少采用1种具备储存、显示功能的仪器，设备内储存的数据保持2天以上。具备打印功能的，其检测报告须附打印清单。

三、测定仪器市场调研分析

针对工作面突出预测指标的测定仪器仪表，应做市场调研分析，掌握其功能、应用情况、性能及优缺点等信息。

四、突出预测敏感指标确定

根据煤层的煤与瓦斯突出特征及各预测指标的适应性，对工作面突出危险性预测指标进行初选，然后，再结合地方法律法规的要求和测定仪器的市场调研分析结果，最终确定该煤层的工作面突出预测敏感指标。

第三章　开滦矿区工作面突出危险性预测敏感指标

第一节　煤与瓦斯突出资料统计

一、地质构造简介

开滦矿区所在的开平煤田包括开平向斜、车轴山向斜、荆各庄向斜、西缸窑向斜4个含煤构造区。开平向斜总体轴向为北东30°~60°，向西南方向倾伏；两翼不对称，西北翼倾角陡立，断层较发育，构造复杂；而东南翼地层平缓，次级小褶曲发育，断层较少，构造较为简单。开滦矿区井田分布示意如图3-1所示。

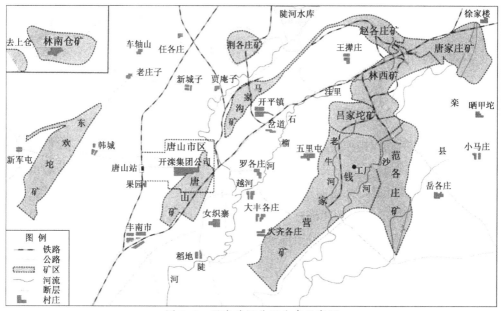

图3-1　开滦矿区井田分布示意图

开平向斜与车轴山向斜皆属于长轴向斜，中间隔卑子院隐伏背斜，三者构成了煤田的骨架构造，如图3-2所示。

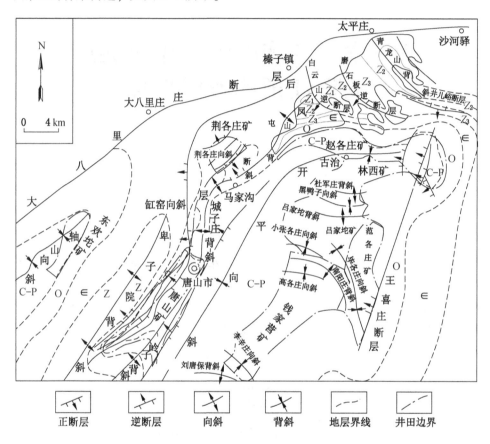

图3-2 开平煤田地质地形图

煤田内褶曲线性排列明显，开平向斜长宽比约为5:1。褶曲多呈不对称状，向斜西北翼急陡乃至倒转；东南翼平缓，背斜则恰好相反。开平煤田的断裂也较发育，一般在急陡翼压性走向逆断层发育。开平向斜为一大型不对称向斜构造，轴向在南部为北东40°，到北部古冶以东逐渐转成近西东向。开平向斜中断层以压性-压扭性逆断层为主，地层倾角一般为10°~15°，很少有倾角大于30°。

二、煤与瓦斯突出资料统计分析

开滦矿区曾有3对突出矿井，分别是马家沟矿（已关闭）、赵各庄矿（已关闭）和钱家营矿，其中，钱家营矿仅发生过 1 次煤与瓦斯突出，因此，以马家沟矿和赵各庄矿为主要对象进行介绍。

（一）马家沟矿煤与瓦斯突出特征

（1）马家沟矿煤与瓦斯突出以倾出、钻孔突出和压出为主，煤与瓦斯突出类型分布见表 3-1。由表 3-1 可以看出：该矿煤与瓦斯突出以煤的突然倾出为主，占总数的 53%；其次为钻孔突出，占总数的 22.5%；煤与瓦斯突出很少，只占总数的 4.1%。

表 3-1　马家沟矿煤与瓦斯突出类型分布

类　型		频　率	
		出现次数/次	占总数的百分比/%
煤与瓦斯突出		2	4.1
煤的突然压出		6	12.2
煤的突然倾出		26	53
瓦斯喷出	巷道内	2	4.1
	钻孔内	2	4.1
钻孔突出		11	22.5
合计		49	100

该矿瓦斯起主导作用的煤与瓦斯突出很少，瓦斯与地应力共同作用的煤与瓦斯突出仅占小部分，由于煤质较松软，强度较低，在重力、地应力、采动应力和瓦斯压力的作用下，发生倾出和压出的占主要部分。

（2）马家沟矿煤与瓦斯突出主要发生在上山。依据巷道类型不同，可以分为上山、下山、石门、平巷、钻孔等类型，马家沟矿煤与瓦斯突出主要发生在上山、钻孔、石门和平巷，分布情况见表 3-2。从巷道类型上看，上山最多，占34.7%，且主要为急倾斜煤层，由此可见，煤的自重应力对煤与瓦斯突出的发生起着很重要的作用。

表3-2　马家沟矿煤与瓦斯突出巷道分布

煤与瓦斯突出类型	巷 道 类 型			
	上山	钻孔	石门	平巷
煤与瓦斯突出次数/次		11	2	
煤的突然压出次数/次	2			4
煤的突然倾出次数/次	14		7	5
瓦斯喷出次数/次	1	2	1	
突出总次数/次	17	13	10	9
占总数的百分比/%	34.7	26.5	20.4	18.4

（3）煤与瓦斯突出主要发生在八水平的9-2煤层和9-1煤层，具体见表3-3。七水平煤与瓦斯突出少是因为瓦斯压力和地应力比八水平小，九水平煤与瓦斯突出少是因为采取了很多防突措施。

表3-3　各煤层及水平煤与瓦斯突出分布　　　　　　　　次

煤层	次数	次数		
		七水平	八水平	九水平
8煤层	2		1	1
9-1煤层	20		20	
9-2煤层	28	2	25	1
12煤层	4		3	1
合计	54		49	3

该矿主采煤层为9-2煤层和12煤层，因此，煤与瓦斯突出防治工作应以9-2煤层为主。

（4）该矿的煤与瓦斯突出强度一般较小，其中抛出煤量小于20 t的是36次，占66.7%。但是，超过100 t的大型煤与瓦斯突出仅有2次，均是在石门揭开12煤层时发生的煤与瓦斯突出。由此看出，石门揭煤时煤与瓦斯突出强度最大。煤与瓦斯突出强度分布见表3-4。

表3-4 煤与瓦斯突出强度分布 　　　　　　　t

煤层	煤与瓦斯突出强度			最大强度
	< 20	20~100	> 100	
8 煤层		2		50
9-1 煤层	15	5		54.75
9-2 煤层	20	8		72
12 煤层	1	1	2	255
合计	36	16	2	

（5）该矿的煤与瓦斯突出集中发生在地质构造带，如断层、褶曲、煤层由薄变厚、倾角变陡或变缓、两层煤重叠处均发生过煤与瓦斯突出。其中：断层处发生次数最多，约25次，占46.3%。煤与瓦斯突出与地质构造变化关系见表3-5。

表3-5 煤与瓦斯突出与地质构造变化关系 　　　　　　　次

煤层	断层	褶曲	厚度变化	倾角变化	煤层重叠	底鼓	备注
8 煤层	1			1	1		煤与瓦斯突出地点附近有2种构造的为8个地点，分别计入各种类别
9-1 煤层	10	1	7	2	2	1	
9-2 煤层	10	5	5	3	2		
12 煤层	4	1			1		
合计	25	7	12	6	6	1	

（6）马家沟矿煤与瓦斯突出皆是在外力扰动作用下发生的。其中由爆破引起的煤与瓦斯突出次数为28次，占51.9%。这是由于爆破突然改变了工作面附近的应力和瓦斯动力学状态，以及爆破震动波促使煤体破坏造成的。煤与瓦斯突出前作业方式见表3-6。

表3-6 煤与瓦斯突出前作业方式 　　　　　　　次

煤层	爆破	手镐掘进	打钻孔	砌混凝土	出砑支护	取套管	风动工具落煤
8 煤层	2						
9-1 煤层	11	5	4				
9-2 煤层	12	1	12		1	1	1
12 煤层	3		1				
合计	28	6	16	1	1	1	1

（7）该矿在发生煤与瓦斯突出前一般都出现过预兆。根据煤与瓦斯突出预兆统计表明，煤与瓦斯突出前有预兆的约48次，占88.9%；其余几次煤与瓦斯突出有的没有记录预兆，仅个别煤与瓦斯突出无预兆，见表3-7。最常见的预兆为工作面前方响煤炮或打卸压排放瓦斯钻孔时夹钻、由孔内往外喷煤粉和瓦斯；有时煤质突然变软，煤的破坏类型由2类变成3类或4类；煤层中常夹有厚薄不一的软分层；还有几次煤与瓦斯突出前出现两层煤重叠现象。煤与瓦斯突出前有时只有一种预兆，有时同时出现几种预兆。

表3-7　煤与瓦斯突出预兆统计　　　　　　　　　　　　　　次

预兆类型		煤层				累计	备注
		8煤层	9-1煤层	9-2煤层	12煤层		
有声预兆	煤炮	1	4	10	1	16	煤与瓦斯突出发生前同时出现2种以上的预兆为23次，分别记入各种预兆内
	顶板来压		3	1	1	5	
	掉渣及冒落	1	8	4	2	15	
无声预兆	夹钻或喷孔		6	19		25	
	煤结构紊乱、重叠、松软		6	3		9	
	瓦斯变化		7	1	1	9	
合计		2	34	38	5	79	
无预兆记录		1	0	4	1	6	
有预兆记录		1	20	24	3	48	

响煤炮是因为地应力过大，超过了煤的抗剪切强度，巨大的地应力将煤体压碎，与此同时发出破裂的响声并向外界传播，称为煤炮。憋泵、顶钻是由于煤质松软，在地应力的作用下，煤发生蠕变，径向破碎带增大，发生变形的软煤向钻孔内挤压，而钻杆又无破岩能力，不能对逐步靠近的软煤进行破坏，最后，软煤抱紧钻杆形成顶钻现象，同时由于阻塞了水流排渣的通道，泵压升高，引起憋泵现象。掉渣是在地应力变大、煤体强度比较低的情况下，发生的少量煤体自行脱落现象。以上几种预兆发生的原因都是煤体的强度低，以及地应力大。

（8）马家沟矿煤与瓦斯突出主要发生在中区。通过对有记录的煤与瓦斯突出进行统计，发现马家沟矿煤与瓦斯突出具有明显的分区性。在垂直方向上，它同其他矿一样，煤与瓦斯突出次数随采深的增加而增大；在水平方向上，该矿的煤与瓦斯突出主要集中在中区，具体分布如图 3-3 所示，两条虚线之间的地区为煤与瓦斯突出集中区。

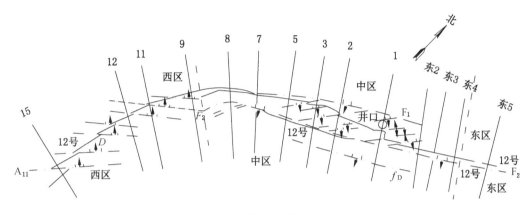

图 3-3 马家沟矿煤与瓦斯突出分区示意图

（二）赵各庄矿煤与瓦斯突出特征

1973 年 9 月 15 日发生在赵各庄矿 10 水平 7 中石门 9 煤层的煤与瓦斯突出强度最大，突出煤量 100 t，喷出瓦斯 3000 m^3。赵各庄矿煤与瓦斯突出（有记录的）情况见表 3-8。

表 3-8 赵各庄矿煤与瓦斯突出情况

序号	年份	地点	标高/m	地质构造	备 注
1	1955	7191 中巷开切眼	−502.5	井口褶曲	
2	1956	7931 开边眼	−490.5	井口褶曲	
3	1970	0199 掘上山	−778.2	井口褶曲	
4	1971	9699 中西掘立眼	−679.6	倾角变陡区	
5	1973	011 中石门	−821.7	东Ⅲ断层带	突出煤量 100 t，瓦斯量 3000 m^3
6	1973	9296 中巷掘进	−656.4	东Ⅶ断层带	此类现象 4 次
7	1973	0499 掘上山	−735.8	井口褶曲	
8	1973	9999 掘伪斜眼	−662.5	倾角变陡区	
9	1975	0599 半道煤门	−736.0	井口褶曲	
10	1975	0699 上山掘进	−757.0	倾角变陡区	出现 3 次
11	1978	107 上山打钻	−915.0	次Ⅶ断层带	出现多次
12	1978	0799 上山	−758.9	倾角变陡区	出现 3 次，停掘封闭

表 3-8 (续)

序号	年份	地点	标高/m	地质构造	备 注
13	1982	0799 边眼	−734.4	倾角变陡区	打钻注水
14	1983	0999 伪斜上山	−711.3	倾角变陡区	冒高涌出，停掘封闭
15	1984	9 道巷 911 东洞	−733.0	东Ⅲ断层带	炮后冒高涌出煤量 40 t，涌出瓦斯量 2500 m³
16	1985	1203 石门打钻	−905.0	井口褶曲轴	喷孔
17	1985	12 西 1 石门处理 9S	−998.3	井口褶曲轴	
18	1986	1203 石门	−905.4	井口褶曲轴	
19	1987	1199 东二中压眼	−865.0	井口褶曲轴	煤量 10 t

(1) 煤与瓦斯突出全部发生在掘进工作面，石门揭煤、平巷和上山掘进或者打钻孔都发生过煤与瓦斯突出。

(2) 典型的煤与瓦斯突出仅发生过一次，而且突出强度也不大（突出煤量 100 t，突出瓦斯量 3000 m³）；其他有记录的煤与瓦斯突出煤量都在 40 t 以下，突出瓦斯量均不超过 2500 m³，有的只有冒高和喷孔的记录，并无煤量和瓦斯量的记载。

(3) 煤与瓦斯突出主要发生在地质构造地带，如断层、褶曲及煤层倾角变陡等处。

(4) 煤与瓦斯突出绝大部分都是在外力作用下产生的，其中，由爆破引起的煤与瓦斯突出为 15 次，占 65.2%。

(5) 煤层在发生煤与瓦斯突出前，一般都出现过预兆，最常见的是工作面前方响煤炮或瓦斯忽大忽小。

开滦矿区历年煤与瓦斯突出记录资料统计分析显示，该矿区的煤与瓦斯突出特征如下：地应力起主导作用，瓦斯起辅助作用；对于危害相对较小的突出来说，松软的煤质及其自重应力也不可忽视。

第二节 煤与瓦斯突出特征的数值模拟反演

一、模拟软件的选择

煤与瓦斯突出是一种极其复杂的动力现象，既涉及固态力学问题（煤体破裂），又涉及气体渗流问题（瓦斯撕裂煤体），同时，煤体具有非均质特性，因此，模拟软件的适应性非常重要。

目前，市场上的力学模拟软件主要有 FLAC、UDEC、ANSYS、FLUCENT 和 RFPA 等，相比前几种模拟软件，RFPA 属于国内自主研发，并且研发者常年从事矿山灾害防控方面的研究，因此，在模拟煤与瓦斯突出方面的可行性更强。

RFPA 是一个基于有限元应力分析模块和细观单元破坏分析模块的岩石变形、破裂过程研究的数值分析程序。在模拟煤与瓦斯突出模块中，建立了含瓦斯煤岩破裂过程流固耦合作用的数学模型，可以直接应用该模型对煤与瓦斯突出过程进行数值模拟反演分析。

二、模拟反演煤与瓦斯突出过程

（一）模拟方案设计

在开滦矿区，上山掘进的煤与瓦斯突出次数最多，石门揭煤的煤与瓦斯突出强度最高，因此，数值对象选定为上山掘进和石门揭煤的煤与瓦斯突出。

首先，根据突出地点煤层的赋存形状建立基本数值模型；然后，根据现有资料大致设定有关参数进行数值模拟；再将模拟出的孔洞形状与实际突出遗留孔洞（煤与瓦斯突出事故记录台账均描绘了事故后的遗留孔洞形状）进行比较，调整有关参数，直到二者基本相似为止。

（二）数值模拟

1. 上山掘进突出的数值模拟

1）数值模型

根据煤与瓦斯动力现象历史记录，选取了典型的上山掘进煤与瓦斯突出遗留孔洞，如图 3-4 所示。根据图 3-4 的形状，建立图 3-5 中的数值模型，煤层倾斜赋存，掘进头前方存在软煤，掘进工作面沿煤层向上掘进，煤层中原始瓦斯压力为 1.2 MPa，顶底板岩层不含有瓦斯，左下侧黑色表示开挖部分。

数值模型采用平面应变分析，模型尺寸（长×宽）为 120 m×120 m，划分为 120×120 个单元。煤层厚度为 3 m，模型中岩层边界为不透气岩层，即瓦斯气体流量为零，煤层掘进工

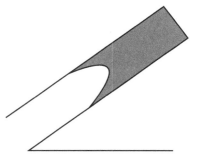

图 3-4 实际上山掘进突出孔洞示意图

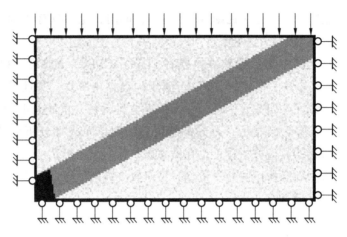

图 3-5 上山掘进突出的数值模型

作面瓦斯气体压力为 0.1 MPa，模拟掘进工作面的大气压力状况，远离掘进工作面的煤层边界瓦斯压力为 1.2 MPa，即处于原始瓦斯压力状态，上覆岩体的重量通过模型的边界条件给定，假定为 25 MPa。数值模型中煤岩层的力学及渗流参数见表 3-9。

表 3-9 力学及渗流参数

岩性	均质度	弹性模量 E/GPa	抗压强度 σ/MPa	泊松比	压拉比 C/T	透气系数 k/ ($\mathrm{m^2 \cdot MPa^{-2} \cdot d^{-1}}$)	贮气系数	孔隙压力系数 a	耦合系数 β
软煤	4	2	20	0.3	25	0.05	2	0.01	0.2
煤层	10	5	100	0.3	20	0.1	2	0.01	0.2
岩层	50	50	300	0.25	10	0.01	0.1	0.1	0.1

2）模拟结果

根据上述参数设置，对该模型进行数值模拟，结果如图 3-6 所示。图 3-6 中的灰度是通过细观单元的相对弹模值所表达的非均匀性特征，灰度越亮其值越高，灰度越暗其值越低。

图 3-6 再现了煤巷上山掘进过程中含瓦斯煤体的突出全过程。图 3-6g 中被抛出煤体与图 3-4 中的实际孔洞十分相似，数值模型及其所设的参数与实际地质条件基本一致，即通过数值模拟反演了上山掘进工作面煤与瓦斯突出发生的地质条件。

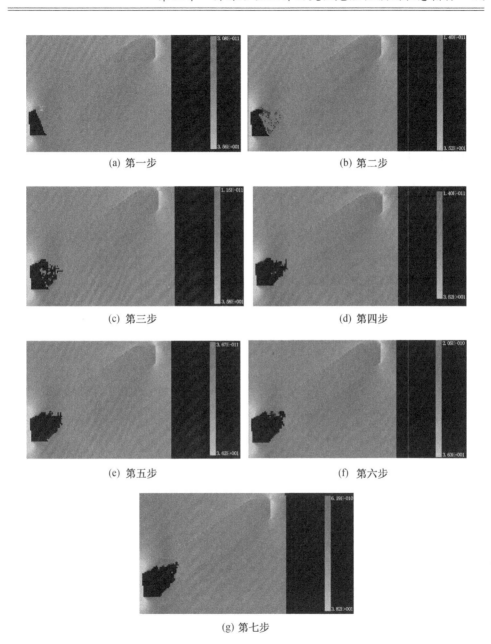

(a) 第一步

(b) 第二步

(c) 第三步

(d) 第四步

(e) 第五步

(f) 第六步

(g) 第七步

图3-6　数值模拟的上山掘进突出过程剪应力

对模拟结果进行数值处理，可以得出突出前后掘进头前方煤层内的应力曲线和瓦斯压力曲线，具体如图3-7和图3-8所示。

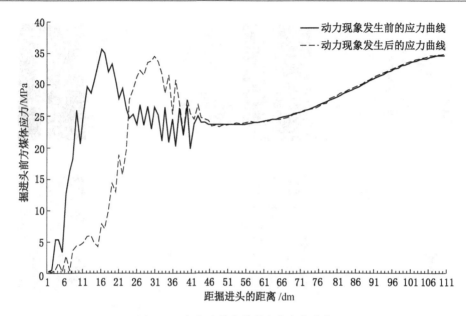

图 3-7　突出过程中煤层应力变化曲线

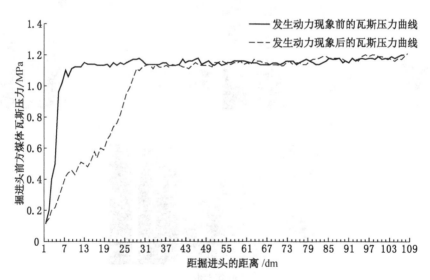

图 3-8　煤层瓦斯在突出前后压力变化曲线

由图 3-7 可以看出：突出发生后，煤层内的应力集中点与掘进头的距离变大，卸压区宽度也有了较大增加，由此可以说明增加卸压区长度在防突中的重要性。当应力恢复到原始应力状态后，两条曲线基本重合并呈上升趋势，而在实际中原始应力状态曲线基本是水平的，这是由于模型远小于实际矿井的尺寸，故在模型边界存在一定的应力集中。

由图3-8可以看出：突出发生前后，煤层卸压区有了很大的变化，即突出发生后卸压区宽度增加，靠近煤壁暴露面的煤体内瓦斯压力出现了下降，降低了该区域内煤体的突出危险性，从而进一步证明了卸压区宽度对于防治煤与瓦斯突出的重要性。

由数值模型中的参数可知，此类煤与瓦斯突出（属于典型的倾出）的地质条件是：地应力较大，达到25 MPa；瓦斯压力较高，达到1.2 MPa；掘进头前方某个区域内存在软煤，煤层倾角较大。

2. 石门揭煤突出的数值模拟

1）数值模型

假定工作面前方煤层中的瓦斯在石门揭开前没有泄漏，同时假定爆破过程能够一次将阻挡层揭开，使煤层迅速暴露，这种石门揭煤方式称为理想石门揭煤。

根据煤与瓦斯动力现象历史记录，选取了典型的石门揭煤遗留孔洞，如图3-9所示。根据图3-9的形状，建立数值模型。为了模拟石门揭煤诱发的突出，模型分为3层：中间层为含瓦斯压力的煤层，该煤层为急倾斜煤层，且含有软煤包；上下层为坚硬顶底板，且假定顶底板岩石不含有瓦斯压力。此外，在煤层前方设有一个具有一定厚度的岩石或硬煤阻挡层，模拟计算开始时，一次性打开此阻挡层，使阻挡层后的煤层迅速暴露。

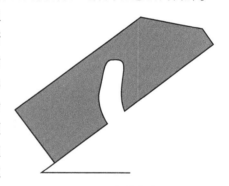

图3-9　石门揭煤突出孔洞
形状示意图

数值模型采用平面应变分析，模型尺寸（长×宽）为120 m×120 m，划分为120×220个单元。模型四周为不透气岩层，即四周边界瓦斯气体流量为零，开挖处气体压力为0.1 MPa，模拟掘进工作面的大气压力状况，地应力通过模型的边界条件给定，假定为25 MPa，顶底板的弹模和强度均远大于煤层；煤层厚度为3.5 m，煤层瓦斯压力为1.2 MPa，模拟石门被一次性揭开。

数值模型中煤岩层的力学及渗流参数见表3-10，所给的力学参数为统计上服从Weibull分布的细观单元煤岩材料的力学参数。

表 3-10　数值模型中煤岩层的力学及渗流参数

岩性	均质度	弹性模量 E/GPa	抗压强度 σ/MPa	泊松比	压拉比 C/T	透气系数 k/ (m²·MPa⁻²·d⁻¹)	贮气系数	孔隙压力系数 a	耦合系数 β
软煤	4	2	20	0.3	25	0.05	2	0.01	0.2
煤层	10	5	100	0.3	20	0.1	2	0.01	0.2
岩层	50	50	300	0.25	10	0.01	0.1	0.1	0.1

2）模拟结果

根据表 3-10 中的参数设置，进行石门揭煤突出数值模拟，模拟结果如图 3-10 所示。图 3-10 中的灰度是细观单元的相对弹模值所表达的非均匀性特征，灰

(a) 第一步　　　　　　　　　　　　　(b) 第二步

(c) 第三步　　　　　　　　　　　　　(d) 第四步

(e) 第五步

图 3-10　数值模拟的石门揭煤突出过程剪应力

度越亮其值越高，灰度越暗其值越低。

图 3-10 再现了石门揭煤过程中含瓦斯煤体的突出全过程。图 3-10e 中被抛出煤体与图 3-9 中的实际孔洞十分相似，数值模型及其所设的参数与实际地质条件基本一致，即通过数值模拟反演了石门揭煤工作面煤与瓦斯突出发生的地质条件。

同样，根据数值模型参数可知，石门揭煤突出发生的原因是：地应力过大、瓦斯压力较高、煤体强度偏低、煤层倾角较大（煤体自重应力不可忽视）。

对模拟结果进行数值处理，可以得出突出前后石门揭煤工作面前方煤层内的应力曲线和瓦斯压力曲线，具体如图 3-11 和图 3-12 所示。

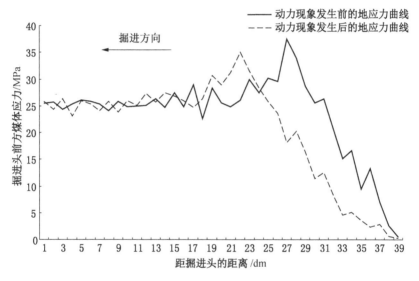

图 3-11 石门揭煤时掘进头前方煤体内的应力曲线

由图 3-10 可以看出：煤层内的应力集中点与掘进头的距离变大，卸压区宽度也有较大增加，由此可以说明增加卸压区长度在防突中的重要性；当应力恢复到原始应力状态后，两条曲线基本重合。

由图 3-12 可以看出：突出发生前后，煤层卸压区有了很大的变化，即突出发生后卸压区宽度增加，靠近煤壁暴露面的煤体内瓦斯压力出现了下降，降低了该区域内煤体的突出危险性，从而进一步证明了卸压区宽度对于防治煤与瓦斯突出的重要性。

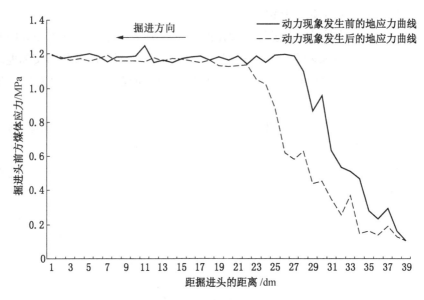

图 3-12　石门揭煤时掘进头前方煤体内的瓦斯压力曲线

三、煤与瓦斯突出特征分析

数值模拟反演结果显示，在开滦矿区，导致煤与瓦斯突出的主要因素为地应力过大、煤层瓦斯压力较高、煤体强度偏低及煤层倾角较大（煤体自重应力不可忽视）。

煤体的物理力学性质，除了煤体强度外，对于典型的突出煤层还有一个特性，就是瓦斯放散初速度不高。打钻时出现突出预兆的资料统计情况见表 3-11。

表 3-11　打钻时出现突出预兆的资料统计情况

序号	煤样破碎程度	瓦斯压力/MPa	坚固性系数	瓦斯放散初速度 ΔP/kPa	打钻时的现象
1	块状	1.07	0.24	0.4	卡钻憋泵
2	粉碎	1.15	0.25	0.53	憋泵
3	块状	1.22	0.246	0.35	憋泵
4	粒状	0.6	0.245	1.13	憋泵
5	粉碎	0.9	0.116	0.1	喷孔严重

由表 3-11 可知，在开滦矿区出现煤与瓦斯突出预兆时，煤样的瓦斯放散初速度不高，因此，它不属于典型的突出煤层，即煤体的物理力学性质不占主导地位。

地应力包括上覆岩层的自重应力、构造应力和采掘集中应力 3 部分；煤体强度偏低的一个重要因素是在成煤时期遭到地质构造运动的破坏，因此与地质构造的关系非常密切；地质构造运动还可以导致煤层倾角和煤层厚度发生变化，该变化反过来影响应力分布。

由此可见，在开滦矿区，地质构造不仅破坏了煤体，而且改变了煤体的赋存状态，并最终影响应力分布状态，需要进一步深入研究。

第三节　地质构造影响应力分布的数值模拟

选用 RFPA 对开滦矿区地质构造影响应力分布情况进行数值模拟分析。地质构造运动后，会产生断层、褶曲和煤层厚度与倾角变化等，因此，选择断层和煤层赋存状态突变进行分析，分析这两种状态下的应力分布状况。

一、断层与应力分布的关系

（一）模型设计

数值模拟模型如图 3-13 所示。图 3-13 中，模型的特征尺寸（长×宽）为170 m×100 m，灰白色（模型主体部分）部分为顶底板岩层；左侧黑色部分为开

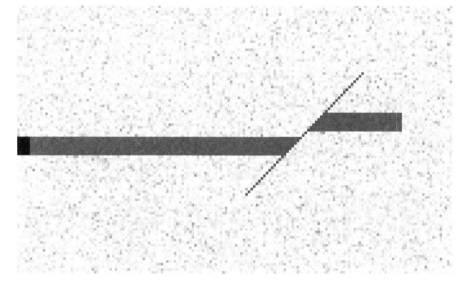

图 3-13　数值模拟模型（断层）

挖部分，表示工作面，它距断层 100 m，是空单元，高 6 m，宽 5 m；中间灰色部分为煤体，煤层厚度为 6 m（与马家沟矿 9-2 煤层的厚度大致相当），在断层的影响下，它被分作左右两部分，这两部分之间的灰色斜线体为断层。右侧煤体未延伸至模型边界，目的是为了防止由于边界应力集中而导致模型过早破坏。

（二）数值计算参数设置

模型参数设置如下：左右两侧设置位移边界条件，数值为 0；上下设置应力边界条件，大小为 15 MPa；顶底板岩层的弹性模量为 50 GPa，抗压强度为 50 MPa，内摩擦角为 40°；煤体的弹性模量为 10 GPa，抗压强度为 10 MPa，内摩擦角为 30°；断层位置煤岩体的弹性模量为 5 GPa，抗压强度为 5 MPa，内摩擦角为 10°。

（三）计算结果

在上述模型和参数的基础上，采用计算机进行计算，可得出计算结果，结果包括两个方面：一是煤岩体应力图，二是煤岩体内的应力分布曲线。具体结果如图 3-14 ~ 图 3-19 所示。

图 3-14 是开挖第一步时煤岩体应力和煤岩体内的应力分布曲线。图 3-16a 中，顶部黑色部分，从左到右宽度逐渐降低，表示由于开挖，煤岩体产生了向下的位移，宽度越大，煤岩体沉降越厉害；在开采工作面附近、断层位置及右侧煤体端部，这 3 个部位的亮度偏高，其中断层位置最严重，表示这几个位置出现了应力集中。图 3-16b 与图 3-16a 是对应的，图 3-16b 中的应力分布曲线变化趋势与图 3-16a 中的颜色亮度变化趋势基本一致，不同的是在 50 ~ 57 m 之间出现了

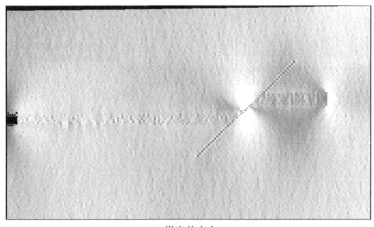

(a) 煤岩体应力

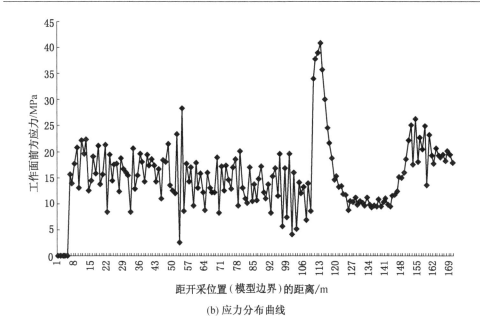

(b) 应力分布曲线

图 3-14　煤岩体应力与应力分布曲线（第一步）

一个异常值，该值可以忽略不计，另外，在开挖位置应力为负值，表示产生底鼓了。

在第一步，开采工作面附近的应力集中不明显，在过异常点以后，基本降回原值了。第三步与第一步大致相同，不同的是：在断层位置和开采工作面附近已经出现黑点，表明煤体在应力作用下已经破裂；开采工作面附近的应力集中程度相

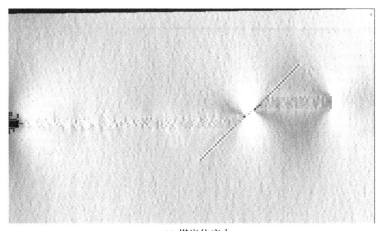

(a) 煤岩体应力

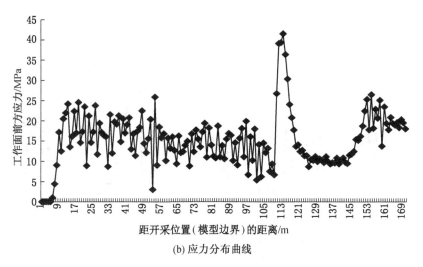

(b) 应力分布曲线

图 3-15　煤岩体应力与应力分布曲线（第三步）

对升高，已经大致能根据应力曲线辨别它的升降趋势了。

　　到第六步时，煤岩体破裂进一步发展，开采工作面附近的应力集中更加明显，由应力分布可以大致看出，它的峰值距边界约 18 m，即距工作面约 13 m，到距边界约 60 m 处（距工作面 55 m），恢复为原岩应力状态。

　　到第十一步时，煤岩体破裂进一步发展，开采工作面附近的应力集中剧烈，并首次超过断层位置的应力，约 52 MPa。由分布曲线可以大致看出，它的峰值距边界约 19 m，即距工作面约 14 m，到距边界约 61 m 处（距工作面 56 m），恢复为原岩应力状态。

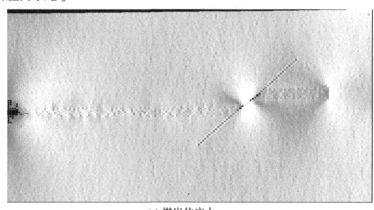

(a) 煤岩体应力

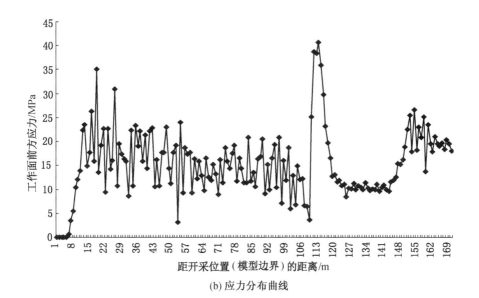

(b) 应力分布曲线

图 3-16　煤岩体应力与应力分布曲线（第六步）

到第十五步时，煤岩体破裂进一步发展，开采工作面附近的应力峰值略微下降，相反，断层处的应力峰值上升为 45 MPa，但峰值位置未变。

由分布曲线可以大致看出，工作面附近的峰值距边界约 25 m，即距工作面约 20 m，到距边界约 68 m 处（距工作面 63 m），恢复为原岩应力状态。

整个计算共进行了十八步，到第十八步时，煤岩体破裂进一步发展，开采工作面附近的应力峰值基本稳定，断层处的应力峰值进一步上升，达到 50 MPa，除

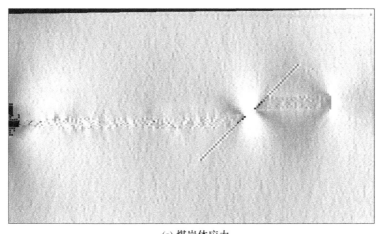

(a) 煤岩体应力

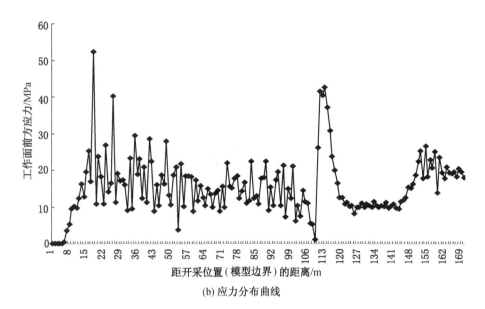

(b) 应力分布曲线

图3-17 煤岩体应力与应力分布曲线（第十一步）

此之外，工作面前方的应力分布曲线基本没有变化。

综上所述，当工作面推进到距断层约100 m时，工作面前方的应力峰值距工作面约20 m，在工作面前方，受开采应力影响的宽度约63 m；应力峰值最高达到50 MPa，稳定后约45 MPa，为原岩应力的3倍。

在整个开采过程中，断层位置的应力集中剧烈，最高达到50 MPa，但峰值位置不变；而且，峰值位置左侧，煤体应力先剧烈下降，然后上升直至应力状态，

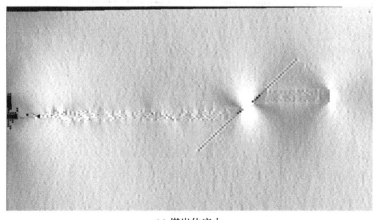

(a) 煤岩体应力

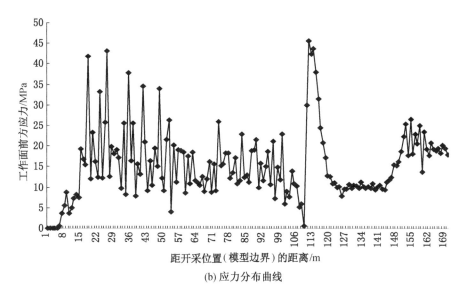

(b) 应力分布曲线

图3-18 煤岩体应力与应力分布曲线（第十五步）

这个升降过程大约在 15 m 宽的煤体内完成。

15 m+63 m＝78 m＜100 m，两边相差 26.5 m，因此，开采应力集中与断层应力集中没有在空间位置上叠加，此时，尚能保障矿井安全开采。

由上述分析可知，如果工作面前方存在地质构造（如断层），则在采掘工作面前方会出现两个应力集中区：一个是采掘活动造成的采掘应力集中区，另一个是地质构造应力集中区。当采掘工作地点离地质构造区域较远时，这两个区域单

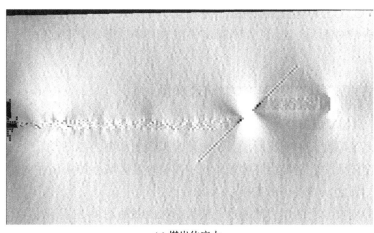

(a) 煤岩体应力

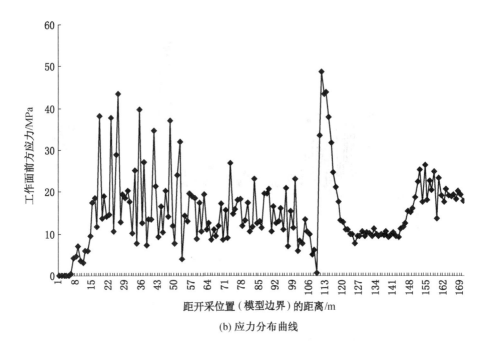

(b) 应力分布曲线

图 3-19　煤岩体应力与应力分布曲线（第十八步）

独存在，基本互不影响；此时，地质构造不会对煤岩动力灾害造成太大的影响，一般只能产生一些现象（如煤炮声）或者矿震等。

随着采掘工作面持续向前推进，工作面离地质构造区域越来越近，当推进到一定程度时，采掘应力和构造应力必然叠加，形成更高的集中应力，在高地应力作用下，冲击地压和煤与瓦斯突出发生的概率非常大，这也是这两类灾害多发生于地质构造带的原因。因此，为保障矿井安全开采，需要采取相应的高地应力解除安全措施。

二、煤层赋存状态突变与应力分布的关系

（一）煤层厚度突变

针对煤层厚度突然变化所设置的数值模拟模型如图 3-20 所示。图 3-20 中左侧煤层厚度较大，右侧煤层厚度较小，中间是过渡区域；如果从左向右看，煤层由厚变薄，反之，煤层由薄变厚。

煤层厚度突变时的煤岩体应力与应力分布曲线如图 3-21 所示。由图 3-21 可知，应力分布的大致规律是从左到右，先上升后下降；左侧的应力比右侧的应力

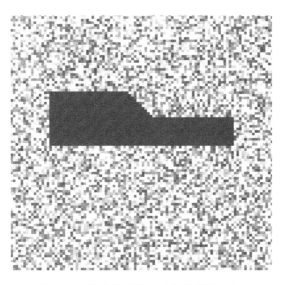

图 3-20　数值模拟模型（煤层厚度突变）

低，中间的应力最高。这说明煤层厚度越小应力越大，在煤层厚度变化的区域，应力比厚区和薄区都高，峰值处的应力集中系数为 2 左右。由此可见，当煤层厚度变化时，在变化区附近某个范围内的应力会突然升高，当其他条件满足要求时，就会发生冲击地压和突出。

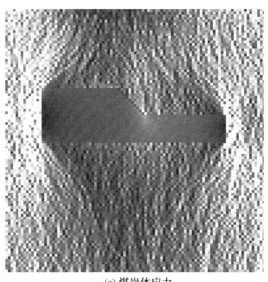

(a) 煤岩体应力

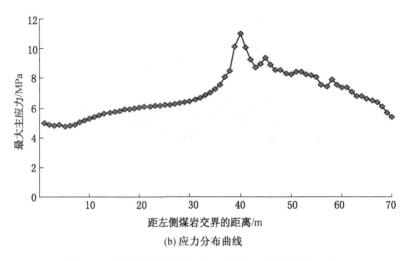

(b) 应力分布曲线

图 3-21　煤岩体应力与应力分布曲线（煤层厚度突变）

（二）煤层倾角突变

针对煤层倾角突然变化所设置的数值模拟模型如图 3-22 所示。图 3-22 中，煤层厚度不变，变化的是煤层倾角，左侧和右侧煤层都呈水平状态赋存，但是高度不同，在两者的连接处煤层存在一定角度。

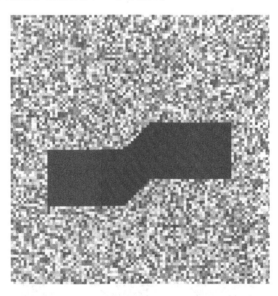

图 3-22　数值模拟模型（煤层倾角突变）

煤层倾角突变时的煤岩体应力与应力分布曲线如图 3-23 所示。由图 3-23 可知，应力分布的大致规律是从左到右，先上升后下降；左侧和右侧的应力基本相当，中间的应力最高。这说明当煤层倾角变化时，在相应变化的区域应力集中，峰值处的应力集中系数为 1.2 左右，集中程度不及煤层厚度变化的区域。由此可见，当煤层倾角发生变化时，在变化区附近某个范围内的应力也会逐渐升高，就会发生冲击地压和突出。

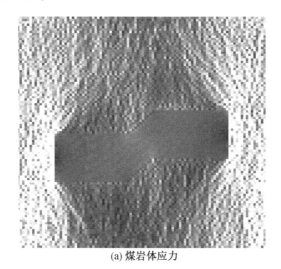

(a) 煤岩体应力

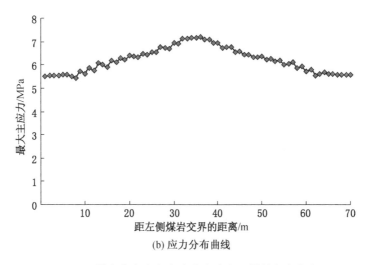

(b) 应力分布曲线

图 3-23　煤岩体应力与应力分布曲线（煤层倾角突变）

（三）煤层厚度和倾角同时变化

煤层厚度和倾角同时变化是指煤层倾角变化时，厚度增加，针对该条件所设置的数值模拟模型如图 3-24 所示。图 3-24 中左侧煤层厚度较大，右侧煤层厚度较小，赋存位置较高，中间是过渡区域，煤层存在一定角度，并且煤层逐渐变薄。

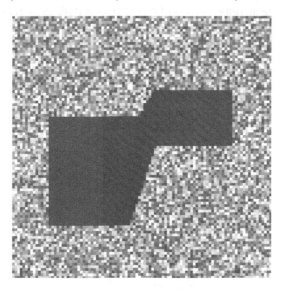

图 3-24　数值模拟模型（煤层厚度和倾角同时变化）

煤层厚度和倾角同时变化时的煤岩体应力与应力分布曲线如图 3-25 所示。由图 3-25 可知，应力分布的大致规律与图 3-21 基本类似，即从左到右，先上升后下降；左侧比右侧的应力小，中间的应力最高。这说明在煤层倾角和厚度同时变化的区域应力集中，峰值处的应力集中系数为 2.5 左右，集中程度比前两者都高。

上述数值模拟分析结果表明，在采掘工作面前方，无论是存在地质构造，还是煤层赋存条件突变，都存在一个应力集中区域。在不同条件下，应力集中程度不一样，首先是地质构造的应力集中程度最为剧烈，其次是煤层厚度和角度同时变化，再次是煤层厚度突变，最后是煤层倾角突变的应力集中程度最弱。当采掘工作接近该区域时，应力会与采动应力叠加在一起，形成更高的应力集中带，这对煤岩动力灾害（无论是冲击地压还是煤与瓦斯突出，或者其他类型的灾害）的发生非常有利，这就解释了为什么突出都发生在地质构造带和煤层赋存条件突变的区域。

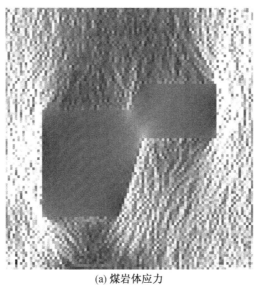

(a) 煤岩体应力

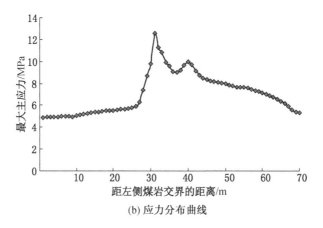

(b) 应力分布曲线

图 3-25　煤岩体应力与应力分布曲线（煤层厚度和倾角同时变化）

第四节　基于神经网络的煤与瓦斯突出控制性因素

一、瓦斯动力灾害影响因素分析

瓦斯动力灾害的直接影响因素是地应力、瓦斯及煤体物理力学性质。地应力测定方法有钻孔应力测量法、岩芯测量法、岩石表面测量法、地质构造分析法和水力压裂法等，地应力测定方法准确测定比较困难，而且不可能大规模地对矿井进行地应力测定，因此，该因素只能通过其他指标来间接反映。

地应力主要来源于几个方面，即上覆岩层自重应力、构造应力、煤体自重应力和采动应力。上覆岩层自重应力可用采深表示，构造应力可由地质构造确定，煤体自重应力与煤层厚度关系密切，采动应力可采用采掘作业类型及煤层倾角描述。

瓦斯因素是指煤层的瓦斯含量（或瓦斯压力），瓦斯含量是指单位体积或质量的煤体所含的瓦斯量。瓦斯压力是指煤层孔隙内气体分子自由热运动撞击所产生的作用力，在一个点上力的各向大小相等，方向与孔隙壁垂直。

瓦斯主要取决于保存条件，虽然一般矿井（特别是动力灾害比较严重的矿井）都进行过瓦斯参数测定，但是相对于矿井范围来说，数据比较少。因此，只能通过瓦斯的影响因素来间接描述。瓦斯含量（或瓦斯压力）的主要影响因素有采深、顶底板岩性、邻近层开采情况及构造等；另外，也可以根据瓦斯动力灾害发生后的吨煤瓦斯涌出量来描述。

煤体物理力学性质是指煤体强度及其显微结构，煤体强度一般通过坚固性系数来表示，也可以用煤体软硬来描述（通常将坚固性系数在 1.0 以下的煤体定为软煤层，坚固性系数为 1.0~1.2 的煤体定为中硬煤层）；而煤体显微结构则一般测定数据较少，且难以量化。

综合以上分析，并结合动力灾害记录资料所能够提供的信息，瓦斯动力灾害的影响因素可定为：采深、采掘作业类型、煤层厚度、倾角、煤体硬度、顶底板岩性、吨煤瓦斯涌出量、邻近层开采情况及构造。

二、瓦斯动力灾害资料整理与量化处理

开滦矿区（特别是马家沟矿）动力灾害频繁，包括很多种类，该矿区瓦斯动力灾害统计见表3-12。

（一）采掘作业类型

采掘作业类型共有3种，即石门揭煤、上山掘进和平巷掘进。

对于这3种类型的采掘作业，在一次事故中，不会同时发生，因此，它们互相排斥，可将发生事故的采掘作业类型量化为1，其余两个为0。

（二）煤体硬度

表3-12 开滦矿区瓦斯动力灾害统计

序号	采深/m	采掘作业类型	煤厚/m	倾角/(°)	煤体硬度	顶板岩性	底板岩性	涌出量/(m³·t⁻¹)	上邻近层开采情况	下邻近层开采情况	地质条件	抛出煤量/t	涌出瓦斯量/m³	备注
1	492.3	石门揭煤	4.2	40	松软	细砂岩	页岩	53.5	不可采	未开采	上部20 m为一小断层	28.0	1499	
2	635.2	石门揭煤	8.0	61	松软	细砂岩	页岩	88.8	未开采	未开采	过断层	28.0	2486	
3	631.6	石门揭煤	14.0	45	松软	细砂岩	细砂岩	73.3	未开采	未开采	断层，12煤层与8煤层重叠	180.0	13185	
4	631.6	平巷掘进	1.5	35	中硬	细砂岩	页岩	64.4	未开采	未开采	上部28 m为褶曲	6.0	386	
5	628.1	上山掘进	4.3	35	中硬	细砂岩	页岩	114.8	未开采	未开采	煤层由薄变厚	30.0	3443	
6	624.1	上山掘进	5.3	35	松软	细砂岩	页岩	70.2	未开采	未开采	附近有一小断层	2.0	140.4	
7	629.9	石门揭煤	11.0	36	中硬	粉砂岩	细砂岩	72.1	未开采	未开采	F2断层上盘	51.0	3679	
8	615.1	上山掘进	6.0	30	中硬	细砂岩	页岩	141.4	未开采	未开采	上部14 m为一小断层	28.0	3959	
9	614.3	上山掘进	1.6	34	松软	中粒砂岩	页岩	40.7	不可采	未开采	上部7 m为一小断层	20.0	814	马家沟矿
10	613.9	上山掘进	1.6	34	松软	中粒砂岩	页岩	22.1	不可采	未开采	上部6 m为一小断层	18.0	398	
11	614.2	上山掘进	1.6	34	松软	中粒砂岩	页岩	14.0	不可采	未开采	上部7~9 m为一小断层	5.0	70.2	
12	627.9	石门揭煤	12.0	36	中硬	粉砂岩	细砂岩	72.1	未开采	未开采	A12和F2断层交叉处	255.0	18387	
13	615.3	上山掘进	2.0	35	中硬	页岩	页岩	60.6	未开采	未开采	上部22 m处煤厚由0.2 m增加到2.0 m	21.0	1273	
14	614.3	上山掘进	2.0	35	中硬	粉砂岩	页岩	99.7	未开采	未开采	上部22 m处煤厚由0.2 m增加到2.0 m	6.0	598	
15	583.1	上山掘进	6.0	36	中硬	细砂岩	页岩	26.8	不可采	未开采	倾角由36°变为65°，煤层变厚	72.0	1931	

表3-12（续）

序号	采深/m	采掘作业类型	煤厚/m	倾角/(°)	煤体硬度	顶板岩性	底板岩性	涌出量/(m³·t⁻¹)	上邻近层开采情况	下邻近层开采情况	地质条件	抛出煤量/t	涌出瓦斯量/m³	备注
16	606.1	上山掘进	0.8	19	松软	中粒砂岩	页岩	49.8	不可采	未开采	煤厚由0.2 m增加到0.8 m	9.0	448	
17	601.1	上山掘进	2.0	30	松软	中粒砂岩	页岩	80.6	不可采	未开采	煤厚由0.8 m增加到2.0 m	16.0	1290	马家沟矿
18	594.9	上山掘进	1.9	19	松软	中粒砂岩	页岩	67.1	不可采	未开采	煤厚由1.0 m增加到1.9 m	37.0	2482	
19	595.1	上山掘进	1.0	24	松软	中粒砂岩	页岩	147.1	不可采	未开采	过一褶曲	3.5	515	
20	729.9	石门揭煤	1.4	44	松软	页岩	粉砂岩	28.6	未开采	未开采	无	30.0	858.9	
21	478	上山掘煤	4.5	35	松软	页岩	中粒砂岩	76.6	停采位置	已采	终采线附近，应力集中	10.0	766	
22	730	石门揭煤	7.0	37	松软	细砂岩	黏土岩	157.2	未开采	未开采	F0断层	3.0	471.6	
23	730	石门揭煤	6.2	50	松软	细砂岩	黏土岩	46.2	未开采	未开采	F0断层	22.5	1038.6	
24	614.6	上山掘进	0.9	48	松软	中粒砂岩	页岩	36.4	未开采	未开采	煤层变厚	54.8	1992.6	
25	568.2	平巷揭煤	1.4	27	松软	中粒砂岩	页岩	83.4	未开采	未开采	煤层变厚	7.0	584	
26	573.6	石门揭煤	4.0	36	松软	中粒砂岩	页岩	103.0	未开采	未开采	无	2.0	206	
27	618.2	平巷掘进	1.1	36	松软	中粒砂岩	页岩	20.0	未开采	未开采	无	4.5	90	
28	618.2	平巷掘进	1.2	36	松软	中粒砂岩	页岩	12.3	未开采	已采	煤厚由0.8 m增加到1.2 m	9.0	111	
29	718	石门揭煤	8.0	38	松软	中粒砂岩	页岩	9.9	未开采	未开采	D2断层附近	7.0	69	
30	480.2	平巷掘进	1.8	38	松软	中粒砂岩	页岩	29.8	未开采	未开采	无	8.0	238	
31	518.1	平巷掘进	1.0	30	中硬	中粒砂岩	页岩	15.8	未开采	未开采	无	4.0	63	

表 3-12（续）

序号	采深/m	采掘作业类型	煤厚/m	倾角/(°)	煤体硬度	顶板岩性	底板岩性	涌出量/(m³·t⁻¹)	上邻近层开采情况	下邻近层开采情况	地质条件	抛出煤量/t	涌出瓦斯量/m³	备注
32	578.1	平巷掘进	1.0	30	松软	中粒砂岩	页岩	64.0	不可采	未开采	附近100 m处为F2断层	14.0	896	马家沟矿
33	578.1	平巷掘进	1.0	30	松软	中粒砂岩	页岩	106.6	不可采	未开采	附近100 m处为F2断层	12.0	1279	
34	620.7	上山掘进	3.8	45	松软	细砂岩	页岩	23.2	不可采	已采	褶曲	20	464.7	
35	577.3	平巷掘进	1.2	34	松软	中粒砂岩	页岩	61.6	不可采	未开采	100 m处为F2断层，且50 m处煤层重叠	10	616	
36	632.1	石门揭煤	3.8	60	松软	中粒砂岩	页岩	153.5	未开采	未开采	附近100 m处煤层重叠	26	3991.2	
37	549.1	平巷掘进	1.1	24	中硬	细砂岩	页岩	127.1	已采	已采	褶曲	3	381.2	
38	631.6	平巷掘进	3.8	34	松软	细砂岩	页岩	31.9	不可采	已采	断层	3	95.8	
39	627.9	上山掘进	4.8	42	中硬	细砂岩	页岩	213.5	未开采	未开采	褶曲	15	3203	
40	631.6	平巷掘进	3.8	34	松软	细砂岩	页岩	18.75	不可采	已采	褶曲	8	150	
41	630.4	平巷掘进	5.3	35	中硬	页岩	页岩	245.5	未开采	未开采	无	2	491	
42	571.1	上山掘进	1.2	31	中硬	中粒砂岩	页岩	65.3	未开采	未开采	无	2	130.5	
43	584.1	上山掘进	1.1	32	中硬	中粒砂岩	页岩	104.0	未开采	未开采	无	2	208	
44	870	石门揭煤	1.7	12	松软	粉砂岩	粉砂岩	15.1	未开采	未开采	断层	489.2	7380.7	钱家营矿
45	850	石门揭煤	4.0	25	松软	粉砂岩	粉砂岩	30.0	未开采	未开采	断层	100	3000	赵各庄矿
46	687	上山掘进	2.5	30	中硬	细砂岩	细砂岩	463.0	已采	未开采	无	1	463	
47	790	上山掘进	3.8	35	松软	粉砂岩	粉砂岩	35.0	未开采	未开采	断层	200	7000	

煤体硬度有松软和中硬两种，将它们分别量化，如果突出煤体松软，则松软量化为 1，中硬量化为 0，反之亦然。

（三）顶底板岩性

顶底板岩性有页岩、中粒砂岩、细砂岩和粉砂岩，顶底板岩性决定了其透气性，直接影响瓦斯含量大小，将它们分别量化，事故中，具备条件为 1，否则为 0。

（四）邻近层开采情况

邻近层开采情况主要有以下几种，即停采位置、不可采、未开采和已采。不同的邻近层开采情况，对该煤层的瓦斯动力灾害危险程度不一样，同理，将它们分别量化，事故中，具备条件为 1，否则为 0。

（五）地质条件

地质条件比较复杂，包括断层处、褶曲、煤层重叠等，由于参数较多，将其简化为地质构造和煤层重叠两种，事故中，具备条件为 1，否则为 0。

（六）动力灾害程度

瓦斯动力灾害程度包括抛出煤量和瓦斯涌出量，这两个结果应该统一起来，形成一个指标。

以上统计的 47 次瓦斯动力灾害中，平均吨煤瓦斯涌出量约为 70 m^3/t，因此，从平均数来看，抛出煤量比瓦斯涌出量约小两个数量级，瓦斯动力灾害严重程度可量化为抛出煤量和瓦斯涌出量之和的 1%。

根据上述量化方法，47 次瓦斯动力灾害量化结果见表 3-13。

三、瓦斯动力灾害影响因素权重分析

（一）权重分析方法

由于开滦矿区的瓦斯动力灾害次数较多，因此，各个影响因素的权重分析需借助统计分析软件进行。

人工神经网络按照网络拓扑结构可分为前向网络和反馈网络两大类。反向传播网络（BP 网络）是前向网络的一种。BP 网络具有一层或多层隐含层，它的激活函数必须是处处可微的。

为了训练一个 BP 网络，需要计算网络加权输入矢量以及网络输出和误差矢量，然后求得误差平方和。当所训练矢量的误差平方和小于误差目标时，训练停止，否则在输出层计算误差变化，且采用反向传播学习规则来调整权值，并重复

表3-13 开滦矿区瓦斯动力灾害量化结果

序号	采深/m	石门揭煤	上山掘进	平巷掘进	煤厚/m	倾角/(°)	松软	中硬	页岩	中粒砂岩	细砂岩	粉砂岩	终采位置	不可采	未开采	已采	瓦斯涌出量/(m³·t⁻¹)	煤层重叠	地质构造	严重程度	备注
1	492.3	1	0	0	4.2	40	1	0	0	0	1	0	0	1	0	0	53.5	0	1	43.0	
2	635.2	1	0	0	8.0	61	1	0	0	0	1	0	0	0	1	0	88.8	0	1	52.9	
3	631.6	1	0	0	14.0	45	1	0	0	0	1	0	0	0	1	0	73.3	1	1	311.9	
4	631.6	0	0	1	1.5	35	0	1	0	0	1	0	0	0	1	0	64.4	0	1	9.9	
5	628.1	0	1	0	4.3	35	0	1	0	0	1	0	0	0	1	0	114.8	0	0	64.4	
6	624.1	0	1	0	5.3	35	1	0	0	0	1	0	0	0	1	0	70.2	0	1	3.4	
7	629.9	1	0	0	11.0	36	0	1	0	0	1	0	0	0	1	0	72.1	0	1	87.8	
8	615.1	0	1	0	6.0	30	0	1	1	0	0	0	0	0	1	0	141.4	0	1	67.6	
9	614.3	0	1	0	1.6	34	1	0	0	0	1	0	0	0	1	0	40.7	0	1	28.1	马家沟矿
10	613.9	0	1	0	1.6	34	1	0	0	0	1	0	0	0	1	0	22.1	0	1	22.0	
11	614.2	0	1	0	1.6	34	1	0	0	0	1	0	0	0	1	0	14.0	0	1	5.7	
12	627.9	1	0	0	12.0	36	0	1	0	0	1	0	0	0	1	0	72.1	0	1	438.9	
13	615.3	0	1	0	2.0	35	0	1	0	0	1	0	0	0	1	0	60.6	0	0	33.7	
14	614.3	0	1	0	2.0	35	0	1	0	0	1	0	0	0	1	0	99.7	0	0	12.0	
15	583.1	0	1	0	6.0	36	0	1	0	0	1	0	0	0	1	0	26.8	0	0	91.3	
16	606.1	0	1	0	0.8	19	1	0	0	0	1	0	0	1	0	0	49.8	0	0	13.5	
17	601.1	0	1	0	2.0	30	1	0	0	0	1	0	0	0	1	0	80.6	0	0	28.9	
18	594.9	0	1	0	1.9	19	1	0	0	0	1	0	0	1	0	0	67.1	0	0	61.8	
19	595.1	0	1	0	1.0	24	1	0	0	0	1	0	0	1	0	0	1147	0	1	8.7	
20	729.9	1	0	0	1.4	44	1	0	1	0	0	1	0	0	0	1	28.6	0	0	38.6	

表 3-13（续）

序号	采深/m	石门揭煤	上山掘进	平巷掘进	煤厚/m	倾角/(°)	松软	中硬	页岩	中粒砂岩	细砂岩	粉砂岩	终采位置	不可采	未开采	已采	瓦斯涌出量/(m³·t⁻¹)	煤层重叠	地质构造	严重程度	备注
21	478	0	1	0	4.5	35	1	0	1	0	0	0	1	0	0	0	76.6	0	0	17.7	
22	730	1	0	0	7.0	37	1	0	0	0	1	0	0	0	1	0	157.2	0	1	7.7	
23	730	1	0	0	6.2	50	1	0	0	0	1	0	0	0	1	0	46.2	0	1	32.9	
24	614.6	0	1	0	0.9	48	1	0	0	1	0	0	0	0	1	0	36.4	0	0	74.7	
25	568.2	0	0	1	1.4	27	1	0	0	1	0	0	0	0	1	0	83.4	0	0	12.8	
26	573.6	1	0	0	4.0	36	1	0	0	1	0	0	0	0	1	0	103	0	0	4.1	
27	618.2	0	0	1	1.1	36	1	0	0	1	0	0	0	0	1	0	20	0	0	5.4	
28	618.2	0	0	1	1.2	36	1	0	0	1	0	0	0	1	0	0	12.3	0	0	10.1	
29	718	1	0	0	8.0	38	1	0	0	0	1	0	0	0	1	0	9.9	0	1	7.7	
30	480.2	0	0	1	1.8	38	1	0	0	0	0	1	0	0	1	0	29.8	0	0	10.4	马家沟矿
31	518.1	0	0	1	1.0	30	0	1	0	1	0	0	0	0	1	0	15.8	0	0	4.6	
32	578.1	0	0	1	1.0	30	1	0	0	1	0	0	0	1	0	0	64	0	1	22.9	
33	578.1	0	0	1	1.0	30	1	0	0	0	1	0	0	1	0	0	106.6	0	1	24.8	
34	620.7	0	1	0	3.8	45	1	0	0	1	0	0	0	1	0	0	23.2	0	1	24.6	
35	577.3	0	0	1	1.2	34	1	0	0	1	0	0	0	1	0	0	61.6	1	1	16.2	
36	632.1	1	0	0	3.8	60	1	0	0	1	0	0	0	1	0	0	153.5	1	1	65.9	
37	549.1	0	0	1	1.1	24	0	1	0	1	0	0	0	0	0	1	127.1	0	0	6.8	
38	631.6	0	0	1	3.8	34	1	0	0	0	1	0	0	1	0	0	31.9	0	0	3.9	
39	627.9	0	1	0	4.8	42	0	1	0	0	1	0	0	0	1	0	213.5	0	1	47.0	
40	631.6	0	0	1	3.8	34	1	0	0	0	1	0	0	1	0	0	18.75	0	1	9.5	

表 3-13（续）

序号	采深/m	石门揭煤	上山掘进	平巷掘进	煤厚/m	倾角/(°)	松软	中硬	页岩	中粒砂岩	粉砂岩	终采位置	不可采	未开采	已采	瓦斯涌出量/(m³·t⁻¹)	煤层重叠	地质构造	严重程度	备注
41	630.4	0	0	1	5.3	35	0	1	1	0	0	0	0	1	0	245.5	0	0	6.9	马家沟矿
42	571.1	0	1	0	1.2	31	0	1	0	1	0	0	0	1	0	65.3	0	0	15.0	
43	584.1	0	1	0	1.1	32	0	1	0	1	0	0	0	1	0	104	0	0	4.1	钱家营矿
44	870	1	0	0	1.7	12	1	0	0	0	0	0	0	1	0	15.09	0	1	563.6	
45	850	1	0	0	4.0	25	1	1	0	0	0	0	0	1	0	30.0	0	1	130	赵各庄矿
46	687	0	1	0	2.5	30	0	1	0	1	1	0	0	0	1	463.0	0	0	5.63	
47	790	0	1	0	3.8	35	1	0	0	0	1	0	0	1	0	35.0	0	1	270	

表 3-14 开滦矿区瓦斯动力灾害相关性分析结果

影响因素	采深	石门	上山	平巷	煤厚	倾角	松软	中硬	页岩	中粒砂岩	细砂岩	粉砂岩	终采位置	不可采	未开采	已采	涌出量	煤层重叠	地质构造
相关性系数	0.11	0.42	0.12	0.27	0.69	0.20	0.18	0.18	0.08	0.10	0.20	0.48	-0.05	-0.15	0.19	-0.07	-0.05	0.31	0.40

这些过程。当网络完成训练后,对网络输入一个矢量(该矢量不在训练集合中),网络将以泛化方式给出结果。

因此,根据神经网络的基本原理进行编程,分析各个影响因素与结果之间的关系,该方法同样适用于瓦斯动力灾害影响因素权重分析。

（二）权重分析结果

将表3-13中的统计数据录入,然后运行预先编制好的计算程序,可得出各影响因素之间及其与瓦斯动力灾害结果之间的相关性,具体见表3-14;其绝对值越大,即越接近于1,表明相对应的自变量与因变量的相关关系越显著。

由表3-14可知,与瓦斯动力灾害的相关性最紧密的是:煤厚、粉砂岩、石门、地质构造、煤层重叠,与瓦斯动力灾害的相关性越强,它对瓦斯动力灾害的影响权重越大。因此,各因素的瓦斯动力灾害影响权重的关系也是如此。

这些因素中,石门和粉砂岩均对煤体拥有较好的封闭作用,有效阻碍煤体瓦斯释放,煤厚异常和煤层重叠也是地质构造运动影响的结果。因此,在开滦矿区,对煤与瓦斯突出起控制性作用的因素主要是地质构造所产生的高应力,其次是高压瓦斯。

第五节 工作面突出危险性预测敏感指标

一、煤与瓦斯突出特征

根据上述开滦矿区历史上煤与瓦斯突出资料分析结果、数值模拟反演结果以及基于神经网络的煤与瓦斯突出控制性因素分析结果,认为开滦矿区的煤与瓦斯突出主要受控于地应力,其次受控于瓦斯压力,煤体物理力学性质不占主体地位。地质构造是造成高地应力、高瓦斯压力及煤质松软的重要原因。

二、《河北省煤矿瓦斯综合治理办法》对预测指标的要求

《河北省煤矿瓦斯综合治理办法》第四十七条要求,工作面突出危险性预测和工作面防突措施效果检验应至少采用1种具备储存、显示功能的仪器,设备内储存的数据保持2天以上。具备打印功能的,其检测报告须附打印清单。目前,市场上的常规突出预测指标（q、Δh_2、K_1 和 S）测定仪器,只有用于测定 K_1 的 WTC 瓦斯突出参数仪具备打印功能。

三、煤与瓦斯突出预测敏感指标

根据各突出预测指标适用性及其优缺点的分析结果，并结合开滦矿区的瓦斯动力灾害控制性因素，认为在开滦矿区，煤与瓦斯突出预测指标应首选钻屑量 S，次选瓦斯解吸指标 Δh_2 和 K_1。

考虑到《河北省煤矿瓦斯综合治理办法》第四十七条对突出预测仪器在储存、显示功能方面的要求，开滦矿区的突出预测指标初步选定为 S 和 K_1。

第六节　煤与瓦斯突出预测工程实践

在开滦矿区钱家营矿 5 煤层 1355、1356 和 1358 工作面，应用初选的煤与瓦斯突出预测指标 S 和 K_1，开展现场突出预测试验，试验结果如图 3-26 所示。

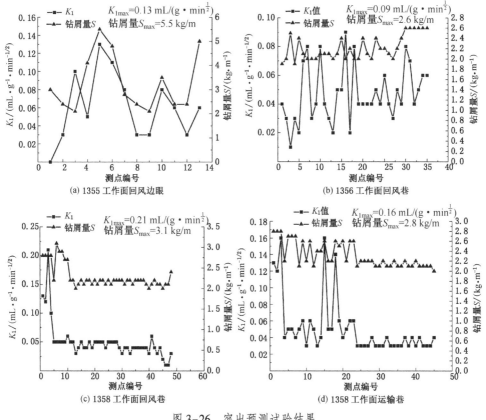

图 3-26　突出预测试验结果

　　在突出预测和掘进过程中，均没有任何动力现象，因此，没有突出危险。K_{1max} 为 0.21 mL/(g·min$^{1/2}$)，只有临界值的 42%；S_{max} 为 5.5 kg，为临界值的 91.6%，均未超标；突出预测指标测试数据反映的突出危险性与实际相吻合。在测试地点，瓦斯起主导作用的 K_1 较小，地应力起主导作用的 S 相对较高，因此，从现场工程实践来看，将 S 和 K_1 定为开滦矿区突出预测敏感指标是合适的。

第四章 开滦矿区工作面突出 危险性预测新技术

第一节 突出煤层掘进工作面允许进尺

一、极限平衡区中煤层界面应力状态分析

煤层内煤体的应力分布状况示意如图 4-1 所示，煤体中有一个小长方形，为所取单元，从三维角度对其进行受力分析，如图 4-2 所示。

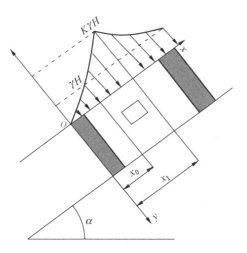

图 4-1 煤层内煤体的应力分布状况示意图

将掘进头前的煤体作如下假设：煤质均匀；所取微元的前后、上下瓦斯压力相等；垂直地应力与侧面地应力相等；煤的自重只在 x、y 方向有分量；取掘进头前方为 x 方向，垂直于煤层向下为 y 方向，垂直于 x、y 平面为 z 方向。

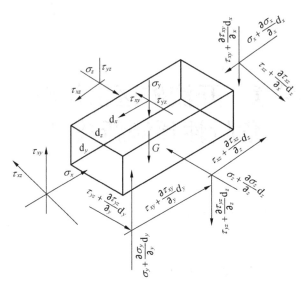

图 4-2 单元体应力分析示意图

根据静平衡条件，微元体的应力平衡方程为

$$
\begin{cases}
\dfrac{\partial \sigma_x}{\partial x} - \dfrac{\partial \tau_{xy}}{\partial y} - \dfrac{\partial \tau_{xz}}{\partial z} + G\sin\alpha + \dfrac{A}{1-A}\dfrac{\partial P}{\partial x} = 0 \\[2mm]
\dfrac{\partial \sigma_y}{\partial y} - \dfrac{\partial \tau_{xy}}{\partial x} - \dfrac{\partial \tau_{yz}}{\partial z} - G\cos\alpha = 0 \\[2mm]
\dfrac{\partial \sigma_z}{\partial z} - \dfrac{\partial \tau_{xz}}{\partial x} - \dfrac{\partial \tau_{yz}}{\partial y} = 0
\end{cases}
\qquad (4-1)
$$

式中　σ_x、σ_y、σ_z——x、y、z 方向的正应力；

　　　τ_{xy}、τ_{xz}、τ_{yz}——剪应力；

　　　G——煤体容重；

　　　α——煤层倾角；

　　　A——孔隙所占的面积比；

　　　P——作用于巷道前方的瓦斯压力。

$$
P = n\sqrt{\dfrac{2E}{b}\left(1 - e^{-bx}\right)}
\qquad (4-2)
$$

式中，n、E 均为一个表达式，其中 n 与孔隙率相近，b 为经验常数。

采用 Excel 将式（4-2）回归出几段线性函数，其通用表达式为

$$P = UX + V$$

其中，U、V 为系数，根据 x 所属的区间而变化。

正应力为 $(1-A)\sigma_y - AP$，考虑到 σ_y 比 P 大，且 A 一般为 5% 左右，因此可简化为 $\sigma_y - P$。由于卸压区内煤体已经破裂，根据极限平衡条件有

$$\tau_{xy} = (\sigma_y - P)\tan\phi + C \tag{4-3}$$

式中　C——煤的黏结度；

　　　ϕ——煤的内摩擦角。

$$\tau_{xz} = (\sigma_z - P)\tan\phi + C \tag{4-4}$$

$$\tau_{yz} = (\sigma_y - P)\tan\phi + C \tag{4-5}$$

再根据前面的假设，垂直地应力与侧面地应力相等：

$$\sigma_y = \sigma_z \tag{4-6}$$

在卸压区和应力集中区的交界处，根据剪应力互等定理，则有

$$\sigma_x = K\left(\sigma_y + \frac{\partial\sigma_y}{\partial y}m\right) \tag{4-7}$$

式中　K——常数；

　　　m——煤层（或软煤）厚度。

根据式（4-1）~式（4-7）联合解出掘进头前方的应力表达式为

$$
\sigma_y = D_2 e^{\frac{z\left[(k+2)\tan^2\phi + 2\tan^3\phi - K\right]}{Km(1-\tan^2\phi)}} e^{\frac{x\left[(k+2)\tan^2\phi + 2\tan^3\phi - K\right]}{Km(\tan\phi + \tan^2\phi)}} e^{\frac{y\left[(K+2)\tan^2\phi + 2\tan^3\phi - K\right]}{Km(1-\tan^2\phi)}} +
$$

$$
\left[\frac{KG\cos\alpha - \tan^2\phi G\cos\alpha - G\tan\phi\sin\alpha - \tan^2\phi G\sin\alpha}{K - (K+2)\tan^2\phi - 2\tan^3\phi} \frac{1 - \tan^2\phi}{\tan\phi + \tan^2\phi} - \right.
$$

$$
\left. (KU + M)\frac{\tan\phi + \tan^2\phi}{K - (K+2)\tan^2\phi - 2\tan^3\phi}\frac{1 - \tan^2\phi}{\tan\phi + \tan^2\phi} - \frac{1}{\tan\phi + \tan^2\phi}G\cos\alpha + U \right] x +
$$

$$
\frac{KG\cos\alpha - \tan^2\phi G\cos\alpha - G\tan\phi\sin\alpha - \tan^2\phi G\sin\alpha - (KU + M)(\tan\phi + \tan^2\phi)}{K - (K+2)\tan^2\phi - 2\tan^3\phi} y +
$$

$$
\left[\frac{KG\cos\alpha - \tan^2\phi G\cos\alpha - G\tan\phi\sin\alpha - \tan^2\phi G\sin\alpha}{K - (K+2)\tan^2\phi - 2\tan^3\phi} - \frac{1}{\tan\phi + \tan^2\phi}G\cos\alpha\tan\phi - \right.
$$

$$
\left. \frac{\tan\phi + \tan^2\phi}{K - (K+2)\tan^2\phi - 2\tan^3\phi}(KU + M) \right] z + D_1 \tag{4-8}
$$

二、工作面突出危险性预测的超前距分析

为了简便计算，用一些字母代表式（4-8）中相应的表达式，简化结果如下：

$$\sigma_y = D_2 e^{S_5 z} e^{S_1 x} e^{S_5 y} + (S_2 U + S_3)x + (S_7 U + S_6)y + (S_9 U + S_{10})z + D_1$$

$$(4-9)$$

假设煤层原始瓦斯压力为 1.2 MPa，根据式（4-2），以 x 为横坐标、P 为纵坐标，在 Excel 中绘出一系列坐标点，然后再采用 Excel 回归出 3 段线性函数如下：

$$P = \begin{cases} 2.2961x + 0.1103 & (0 \leqslant x \leqslant 0.2) \\ 0.4752x + 0.4848 & (0.2 < x \leqslant 1.2) \\ 0.0376x + 1.0163 & (1.2 < x \leqslant 6) \end{cases} \quad (4-10)$$

瓦斯压力分 3 段来表示，应力也分 3 段用 3 个方程来表示。这 3 个方程有以下限制条件：大气压力为 0.1 MPa，则 $x=0$、$\sigma_x = 0.1$ MPa。因为掘进头前方煤体的应力应该是连续的，所以在 0.2 MPa、1.2 MPa 处 σ_y 的值和一阶导数的值应该相等。这样，3 个方程中，除了 x、y、z，只有一个未知数 D_{21}。当 $z=0$、$y=0$ 时，τ_{xy} 也可以用 3 个分段方程表示，相应的，τ_{x0} 在 0~x 上的积分也可以分 3 段来表示；同理，当 $z=0$、$y=2$ 时，τ_{x2} 在 0~x 上的积分也可以分 3 段来表示。

在卸压区与应力集中区的交界 x 处，当 $z=0$ 时，将 y 看作变量，则有

$$\sigma_y = D_{31} e^{S_1 x} e^{S_5 y} + (S_2 U + S_3)x + (S_7 U + S_6)y + D_{32} \quad (4-11)$$

令 $y=0$、$y=2$，由式（4-11）可得出（x、0、0）和（x、2、0）两点的应力，也可以在正应力表达式的第 3 个分段函数中，令 $y=0$、$z=0$ 及 $y=2$、$z=0$，得出（x、0、0）和（x、2、0）两点的应力。这样就可以计算 D_{31}、D_{32} 的表达式：

$$D_{31} = \{[D_{21} + (1.82S_2 e^{s_1} + 0.438 S_2)/ S_1 e^{1.2s_1}]e^{s_1 x} - [D_{21} + 1.82S_2/(S_1 e^{2s_5} e^{0.2s_1}) +$$
$$0.4376S_2/(S_1 e^{2s_5} e^{1.2s_1})]e^{2s_5} e^{s_1 x} - 0.0356(S_2/S_1) - D_{21} + D_{21}e^{2s_5} + 7.357S_7 +$$
$$2S_6]\}/(e^{s_1 x} - e^{s_1 x} e^{2s_5}) \quad (4-12)$$

$$D_{32} = [D_{21} + (1.82S_2 e^{s_1} + 0.438 S_2)/S_1 e^{1.2s_1}]e^{s_1 x} + 0.89S_2 + 0.1 - 2.258(S_2/S_1) -$$
$$D_{21} - D_{31}e^{s_1 x} \quad (4-13)$$

因为卸压区内的煤体处于应力极限平衡状态，为简化计算，假设上下两面的

剪切应力积分之和等于左右两侧积分之和，则有以下平衡微分方程：

$$K\left[D_{31}\,e^{s_1x}(e^{2s_5}-1)(1+2S_5)/S_5+2(0.0376S_2+S_3)x+6(0.0376S_7+S_6)+\right.$$

$$\left.2D_{32}\right]+0.018x=2\left\{\left\{\frac{D_{21}+\left[(1.82S_2e^{S_1}+0.438S_2)/S_1e^{1.2S_1}\right]}{S_1}e^{s_1x}+(0.0188S_2+\right.\right.$$

$$\left.0.5S_3-0.0188)x^2+(0.89S_2-0.9163-2.258(S_2/S_1)-D_{21})x\right\}\tan\phi+Cx+$$

$$\left\{\frac{D_{21}}{S_1}(e^{0.2s_1}-1)-0.353S_2+\frac{D_{21}+(1.82S_2/S_1e^{0.2s_1})}{S_1}(e^{1.2s_1}-e^{0.2s_1})-\right.$$

$$\left.\frac{D_{21}+\left[(1.82S_2e^{S_1}+0.438S_2)/S_1e^{1.2S_1}\right]}{S_1}e^{1.2s_1}+0.36+0.88(S_2/S_1)\right\}\tan\phi+$$

$$\left\{\frac{D_{21}+1.82S_2/(S_1e^{2S_5}e^{0.2S_1})+0.4376S_2/(S_1e^{2S_5}e^{1.2S_1})}{S_1}e^{2s_5}e^{s_1x}+(0.0188S_2+\right.$$

$$\left.0.5S_3-0.0188)x^2+(0.889S_2-0.9163-(2.2936S_2/S_1)-D_{21}e^{2s_5}-\right.$$

$$\left.7.2818S_7)x\right\}\tan\phi+Cx+\left\{\frac{D_{21}}{S_1}e^{2s_5}(e^{0.2s_1}-1)+\frac{D_{21}+1.82S_2/(S_1e^{2s_5}e^{0.2S_1})}{S_1}\right.$$

$$e^{2s_5}(e^{1.2s_1}-e^{0.2s_1})+(0.93S_2/S_1)+1.456S_7-\frac{D_{21}+1.82S_2/(S_1e^{2s_5}e^{0.2S_1})}{S_1}+$$

$$\left.\frac{0.4736S_2/(S_1e^{2s_5}e^{1.2S_1})}{S_1}e^{2s_5}e^{1.2s_1}-0.348S_2+0.36\right\}\tan\phi\right\} \tag{4-14}$$

在卸压区与应力集中区的交界 x 处，当 $y=z=0$ 时，σ_y 与原岩应力 σ 相等，其表达式为

$$\sigma=\left[D_{21}+(1.82S_2e^{s_1}+0.438S_2)/S_1e^{1.2s_1}\right]e^{s_1x}+(0.0376S_2+S_3)x+0.89S_2+$$

$$0.1-2.258(S_2/S_1)-D_{21}\quad(1.2<x\leqslant6) \tag{4-15}$$

当煤的煤层厚度、内摩擦角、黏结力、上山倾角及原始地应力给定以后，式（4-12）、式（4-13）、式（4-14）、式（4-15）中只有 D_{31}、D_{32}、D_{21} 及 x 这 4 个未知数，从理论上讲，可以计算出 x，但是该方程较复杂无法直接推导出 x 的表达式，可以采用数学软件从数值解的角度将 x 的值计算出来。设置了 6 种情况，并计算出了相应的工作面突出危险性预测超前距离，具体见表 4-1。

由表 4-1 可以看出：工作面突出危险性预测超前距离与内摩擦角、黏结力成反比，与倾角、地应力和煤层厚度成正比。

表4-1　不同参数条件下的工作面突出危险性预测超前距离

序号	参　　数					x/m
	内摩擦角/(°)	倾角/(°)	黏结力/MPa	地应力/MPa	煤厚/m	
1	25.7	30	0.2	40	2.0	3.416
2	30.0	30	0.2	40	2.0	2.641
3	25.7	45	0.2	40	2.0	3.717
4	25.7	30	0.1	40	2.0	3.417
5	30.0	30	0.2	40	2.5	2.819
6	25.7	30	0.2	60	2.0	3.687

由上述结果可知，工作面突出危险性预测超前距离分布在 2~4 m 之间，与实际矿井中的卸压区长度（2~5 m）较吻合。

三、突出煤层掘进工作面允许进尺分析

在煤巷掘进工作面前方，当卸压区范围足够大时，即使工作面前方存在高压瓦斯和急剧的应力集中，突出也不可能形成；反之，卸压区范围越小，则保护屏障越薄，突出就越容易形成。

为了保障工作面安全作业，《防治煤与瓦斯突出细则》第七十六条要求，煤巷掘进和采煤工作面应当保留的最小预测超前距均为 2 m。工作面突出危险性预测超前距离与实际预测钻孔深度之差，即为突出煤层掘进工作面的允许进尺，可按式（4-16）进行计算。

$$l = L - x \qquad (4-16)$$

式中　l——采掘作业允许进尺，m；

　　　L——预测钻孔深度，m。

第二节　钻屑收集装置

针对钻屑收集存在的三大问题 [钻孔孔口垮塌、垮塌煤体进入采样器、没法区分，导致测定结果不准确；突出煤层钻孔施工，煤尘大，特别是退钻排屑时，污染环境，影响健康；钻杆高速旋转，容易造成机械伤害（工人近距离采样测瓦斯解吸指标）]，需要研发一套专用钻屑收集装置。

一、研发过程

（一）第一代专用钻屑收集装置研发

总体思路如下：钻屑收集器总体上呈喇叭形结构，在小口端增设一个导管，上部安设一个固定环，下端有大小两个开口，大口取全部钻屑测定钻屑量，小口取少量钻屑测定瓦斯解吸指标。使用时，将导管插入钻孔，工人手扶固定环，钻杆从中穿过；钻孔煤屑流出孔口后，经收集器进入大小两个开口。

1. 设计

第一代专用钻屑收集装置设计结构示意如图 4-3 所示。

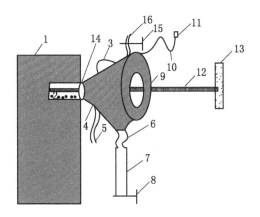

1—煤体；2—钻孔内的煤粉；3—提手；4—抽插板；5、6、16—软管；7—量筒；8—开关；
9—喇叭形采集器；10—特殊标尺；11—环扣；12—钻杆；13—钻机；14—入口环；15—开关

图 4-3 第一代专用钻屑收集装置设计结构示意图

喇叭形采集器是一个下部坡度相对较大的非标准喇叭形，一端连接入口环，并通过入口环插入钻孔；钻杆从喇叭形采集器中间穿过，进入钻孔；钻进过程中，产生的煤粉进入喇叭形采集器；在大开口端，设有环形挡板，避免煤尘飞扬。特殊标尺一端固定在喇叭形采集器上端，另一端在使用时固定在钻杆上，可显示钻杆从钻孔内拔出的长度。软管包括 3 个，2 个连接喇叭形采集器下部，分别采集用于测定瓦斯解吸指标（K_1 或 Δh_2）和钻屑量（S）的煤粉；另一个连接喇叭形采集器上部，用于采集测定粉尘浓度的超细粉尘。提手固定在喇叭形采集器上部，钻屑采集过程中，采集人员手扶提手，协助固定采集装置。

该收集装置拥有一个两端开口的喇叭形采集器，小口端紧贴煤壁，钻杆从中穿过，煤粉从中流出，进入收集器，既可以避免因采样时近距离接触而导致的机械伤害和粉尘引起的职业危害，又可以防止孔口垮塌的煤进入收集器，造成测试结果不准确。在喇叭形采集器下部，煤粉有大小两个通道，可以同时采样测瓦斯解吸指标（K_1 或 Δh_2）和钻屑量（S），并且，加大坡度便于钻屑顺利流出，不残留。被高压瓦斯撕裂形成的超细粉尘，由于颗粒小，会悬浮在喇叭形采集器内，在喇叭形采集器上部留有一个出口，可以通过它采集该超细粉尘和气体的混合物，测定其浓度，并作为突出危险性预测的新指标。在喇叭形采集器的大口端，设有一个带有标尺的扣环，当来回拉钻杆时，将其扣在钻杆上，可自动显示钻孔拉出的长度。

在具体应用过程中，喇叭形采集器操作步骤如下：

（1）工人按要求施工钻孔，并钻进到一定深度。

（2）在工人施工钻孔的同时，操作人员负责连接装置，具体操作步骤如下：提手 3、抽插板 4、软管 5、软管 6、软管 16、特殊标尺 10 均预先固定在喇叭形采集器 9 上，量筒 7 分别连接软管 6 和开关 8，软管 16 与开关 15 相连，将入口环 14 安装在喇叭形采集器 9 的小口端。

（3）钻孔施工到位后，卸下钻机，将喇叭形采集器 9 穿过钻杆，插入钻孔，再加装钻杆，连接钻机，继续钻进。

（4）煤粉的主体部分通过喇叭形采集器 9 和软管 6，进入量筒 7；当新钻进的深度达到 1 m 时，将环扣 11 固定在钻杆上，退钻排出煤粉，记录每次退钻长度，然后将钻杆推入钻孔，再次退钻，当累计退钻长度达到设计值时，打开开关 8，排查煤粉，称量，与国家标准值对比，判断煤与瓦斯突出危险性；再关闭开关 8，准备下次测量。

（5）在钻进过程中，打开抽插板 4，煤粉即可通过软管 5 流出，筛取 1 ~ 3 mm 的煤粉 10 g，可测定瓦斯解吸指标，与国家标准值对比，判断煤与瓦斯突出危险性。

（6）在钻进过程中，打开开关 15，可通过负压抽取超细粉尘和气体的混合物，测定其浓度，并根据浓度判断煤与瓦斯突出危险性。

（7）重复（4）~（7）的步骤，继续钻进、采样、测量，判断煤与瓦斯突出危险性。

2. 加工制作

在上述研发思路的指引下，为简化加工工艺，省略了粉尘浓度测定和退钻长度测定功能，对专用钻屑收集装置进行了加工制作，实物如图 4-4 所示。

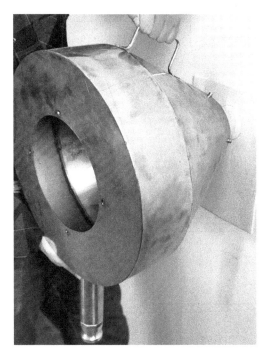

图 4-4　第一代专用钻屑收集装置实物

第一代专用钻屑收集装置基本满足钻屑收集的功能，但是，体积大，比较笨重，难以推广应用。

（二）第二代专用钻屑收集装置研发

在第一代专用钻屑收集装置研发的基础上，研发了第二代专用钻屑收集装置，主要从压缩体积、减轻质量、加大装置下部坡度、增加容器 4 个方面进行改进。第二代专用钻屑收集装置设计结构示意如图 4-5 所示。

第二代专用钻屑收集装置主要包括前段防静电保护套、保护套连接器、收集装置主体部分、底部取样管和取样袋。

前段防静电保护套与连接器的制作材料为 POM 防静电材质，保护套内孔 ϕ48 mm，前段外径 ϕ54 mm，底部外径 ϕ60 mm。前段防静电保护套与连接器设计如图 4-6 所示。

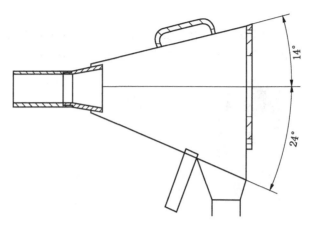

图4-5 第二代专用钻屑收集装置设计结构示意图

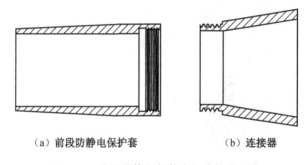

（a）前段防静电保护套　　　　　（b）连接器

图4-6 前段防静电保护套与连接器设计

针对前段防静电保护套与连接器的防静电性能进行了测试，电阻为 $1 \times 10^8 \, \Omega$，在防静电测试标准范围内（$1 \times 10^6 \sim 10^{11} \, \Omega$），满足要求。

根据设计，加工制作出的第二代专用钻屑收集装置实物如图 4-7 所示，它有两种工作方式，如图 4-8 所示。

与第一代专用钻屑收集装置相比，第二代专用钻屑收集装置体积小、质量小。在第一种工作方式下，取样袋与收集装置之间安装了一个连接器，取样时，直接套上并按下两边的固定环即可，取样结束后，打开固定环，即可与收集装置分离；在第二种工作方式下，取样袋直接套在收集装置下部，用手勾住取样袋上的绳索即可。

（三）第三代专用钻屑收集装置研发

虽然第二代专用钻屑收集装置完全具备钻屑测定的取样功能，但是钱家营矿

图 4-7　第二代专用钻屑收集装置实物

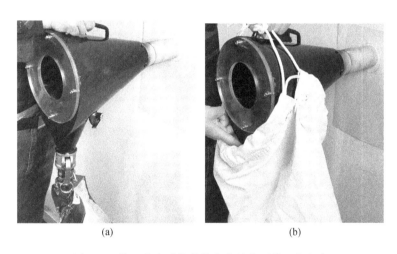

(a)　　　　　　　　　　　　　　　　(b)

图 4-8　第二代专用钻屑收集装置的两种工作方式

的防突技术人员认为该装置使用较烦琐，希望能够研发更简单的专用钻屑取样装置。因此，对第三代专用钻屑收集装置进行了设计，如图 4-9 所示。

根据设计，加工制作出了第三代专用钻屑收集装置，如图 4-10 所示。

该装置总体上为一个半喇叭口形状，取样时，直接置于钻杆下方，紧贴煤壁，既能收集钻屑，又不影响预测协助工的视线。

该装置上端有提手，底部有手柄；提手可展开置于两侧，也可卧入装置腔内。使用时，提手与手柄可联合使用，也可单独使用。

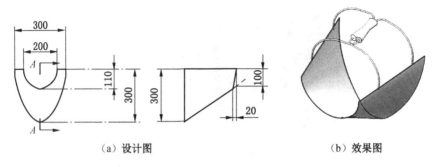

（a）设计图　　　　　　　　　　（b）效果图

图4-9　第三代专用钻屑收集装置设计图及效果图

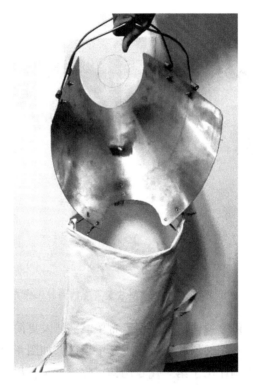

图4-10　第三代专用钻屑收集装置实物

二、现场试验

在钱家营矿1359东回风边眼试验地点进行了现场试验，试验地点位置如图4-11所示。

图 4-11　现场试验地点位置

现场测试照片，如图 4-12 所示。

(a)

(b)

图 4-12　现场测试照片

在试验过程中，钻孔流出的煤屑经专用装置顺利地流入取样袋；试验结果显示，设计、制作的专用钻屑收集装置可以很好地收集钻屑，满足现场突出预测的钻屑取样要求。

第三节　工作面突出预测资料信息化管理系统

一、研发思路

传统预测资料采用纯粹的纸质化管理，既与当前的信息化发展趋势不符，也不能系统地利用前期预测资料指导煤与瓦斯突出防治工作。因此，需要开发工作面突出预测资料信息化管理系统，提升资料管理工作的系统性。

工作面突出危险性预测资料信息化管理系统研发思路如下：针对钱家营矿现用的工作面突出预测指标（S 和 K_1），编制一套软件，管理工作面突出预测资料。该软件应能录入预测数据和相关附件，具备预测数据与附件的查询功能，并能显示工作面的突出危险性发展趋势。

二、软件开发程序

见附录 1。

三、主要功能

在软件系统开发过程中，《开滦矿区工作面突出危险性预测规范》的编制，也在同步进行，并根据标准编制情况，对软性系统开发做了调整，如原计划针对 S 和 K_1 设计一个数据库，调整后，与标准完全对应，建立了 10 个数据库。该系统的主要功能如下。

（一）安全保障功能

设置了登录账号和密码，能够保护数据安全。

（二）数据和附件的录入功能

能够录入工作面预测数据，并上传附件（预测地点地质图、预测报告单扫描件和视频录像）。

（三）自动识别突出危险性

能够根据录入的数据和动力现象记录，自动判断突出危险性。

（四）满足多种需求

建立了 10 个数据库，包括煤巷掘进工作面 4 个、回采工作面 4 个和井巷揭煤工作面 2 个。预测方法包括钻屑指标法、复合指标法和 R 值指标法。

（五）数据和附件的查询功能

能够查询已经录入的工作面预测数据和附件（预测地点地质图、预测报告单扫描件和视频录像）。

（六）自动显示工作面突出危险性发展趋势

能够自动以距工作面某个固定位置的距离为横坐标，以每次预测的最高数据为纵坐标，绘制预测数据曲线，曲线上同时显示是否有动力现象，并在图中同时显示该指标的临界值等值线。

（七）快速查询功能

当某个工作面预测数据很多时，可以通过时间限制，控制曲线的显示范围，并快速找到查询点的数据库所在位置，点击进入查看详细情况。

（八）同时显示多指标曲线

由于不同的指标数据差异可能很大，如 Δh_2 的临界值为 200 Pa，而 S 的临界值为 6 kg/m，如果画在同一幅图上，指标数据较小的变化不明显。

（九）坐标轴的可调性

曲线图中的坐标轴可以根据实际需要进行调整，确保曲线图美观。

四、使用方法

（一）系统安装

双击软件，即可安装系统。

（二）系统登录

双击登录快捷方式图标，即可进入系统界面，如图4-13所示。

图4-13　系统界面

点击"文件",在下拉框中选择"注册",出现用户注册界面,如图4-14所示;输入账号和密码,注册完成后,再点击"文件",在下拉框中选择"登录",即可进入登录界面,如图4-15所示,输入注册的账号和密码,即可登录系统。

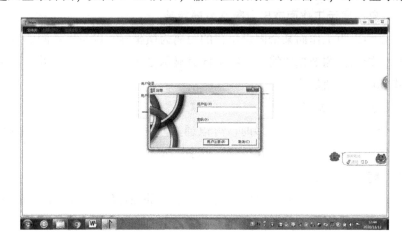

图4-14 用户注册界面

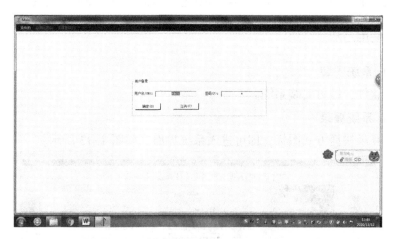

图4-15 系统登录界面

(三) 预测资料录入

在登录后的系统界面上,点击"数据处理",在下拉框中选择"数据录入",即可进入数据与附件录入界面,如图4-16所示。

在该界面左侧可录入预测数据,在右侧可上传相关附件。左侧数据录入方

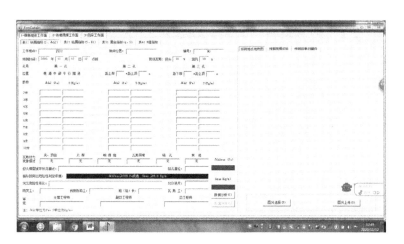

图 4-16　资料录入界面

面，顶部有 3 种工作面类型选项，分别是"煤巷掘进工作面""井巷揭煤工作面"和"回采工作面"，点击任何一个，即可出现相应的预测指标表格。"煤巷掘进工作面"和"回采工作面"均包括 4 个表，分别是"钻屑指标（K_1 和 S）表""钻屑指标（Δh_2 和 S）表""复合指标（q 和 S）表"和"R 值指标表"。"井巷揭煤工作面"包括 2 个表，分别是"瓦斯解吸指标（K_1）表"和"瓦斯解吸指标（Δh_2）表"。右侧上传相关附件方面，顶部有 3 个选项，分别是"预测地点地质图""预测视频资料"和"预测报单扫描件"。

　　界面左侧，根据预测工作面和预测方法种类，选用相应表格，填入预测信息，包括预测地点、预测时间、预测现场瓦斯浓度、预测数据、动力现象记录、作业人员与审批领导姓名等；录入后，先点击"数据分析"（数据分析可以确定预测数据最高值，并判断有无突出危险性），再点击"数据保存"。

　　界面右侧，可以相继点击"预测地点地质图""预测视频资料"和"预测报单扫描件"，上传相应的图片和视频。

　　全部预测资料录入完毕后，可继续录入另一次预测的资料信息，也可以直接点击右上侧的"×"，直接关闭，回到初始登录界面。

　　（四）预测资料查询

　　点击"数据查询"，在下拉框中选择"窗口联机"，即可进入查询界面，如图 4-17 所示。

　　该界面左侧是数据曲线显示区域，区域上方有 3 种工作面类型选项，分别是

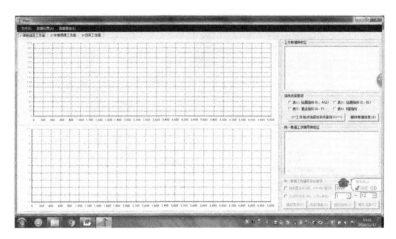

图 4-17　资料查询界面

"煤巷掘进工作面""井巷揭煤工作面"和"回采工作面"。该界面右侧包括 4 个部分，最顶端的"工作巷道映射区"，负责显示预测地点；其下方的"预测指标查询"，提供查询用的预测指标（"煤巷掘进工作面"和"回采工作面"各有 4个，"井巷揭煤工作面"有 2 个，与数据录入时完全一致）；再下方是"工作编号映射区"，该区域负责显示预测点（与录入时的编号对应）；最下端是"工作编号查询区"，负责通过时间控制信息查询范围。

选择需要查询的工作面和预测方法种类，点击"查询"，即可在右侧上端的巷道映射区内显示预测地点（即工作面名称），点击需要查看的工作面名称和最下端的曲线查询按钮，左侧即可显示预测数据曲线和临界值等值线，同时，工作编号映射区内也会出现每次预测的编号。

点击工作编号映射区内的任何一个点，再点击右下角的"编号信息"，即可出现如图 4-18 所示的界面。

界面左侧显示预测数据信息，点击"文件读取"，再在右侧区域顶端选择"预测图片文件"或"预测视频资料"，并点击右下方的文件名称，即可在右侧区域显示相应的图片和视频。

（五）预测资料编辑

某次预测的数据信息，可以修订；操作方法为进入单次预测信息查询结果界面，直接修改数据，然后点击"修改信息"即可。

如果该点的预测数据需要删除，直接点击"删除记录"即可。

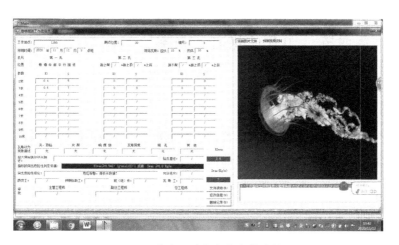

图 4-18　单次预测信息查询结果界面

如果某个工作面的信息都不需要了，在数据查询界面上的工作巷道映射区内，选中它，再点击"删除巷道信息"即可。

（六）界面显示控制

点击坐标轴的横坐标或纵坐标，均会出现对话框，在框中可填写坐标轴的最高值和最低值，从而控制屏幕的显示范围，如图 4-19 所示。

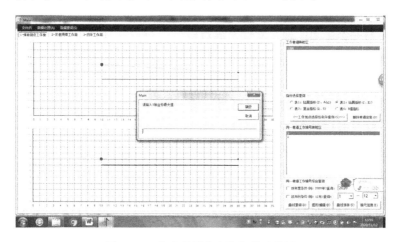

图 4-19　单次预测信息查询显示范围

选择右下侧的时间控制范围，并点击"曲线查询"，即可控制某个工作面预测数据的显示数量，从而快速找到需要查看的数据点。

第四节　工作面煤与瓦斯突出预测规范编制

一、目的

规范突出矿井的工作面预测工艺，并为非突出矿井的工作面突出预测工作提供指导，最终提升工作面突出危险性预测的准确性和矿井管技人员的防突技术管理水平。

二、原则

（一）依法依规

企业标准的编制，必须以国家现有法律法规为依托，不能与之相抵触，并适度高于它。

（二）符合开滦矿区实际

开滦矿区目前虽然只有 1 个突出煤层（钱家营矿 5 煤层），但是多数矿井都已经进入深部开采；5 煤层工作面突出危险性预测的现用方法为钻屑指标法，采用指标为 K_1 和 S。

（三）与开滦集团的现有文件无缝对接

开滦集团为有效防治煤与瓦斯突出问题，做过很多研究，也形成了很多成果，制定了很多规范性文件，如《开滦（集团）有限责任公司矿井"一通三防"管理规定》（总通风字〔2020〕142 号）等。

（四）融入最新的先进科学技术

科学技术是第一生产力，先进科学技术与装备的应用，必然可以提升煤与瓦斯突出防治能力，因此，将最新的科学技术融入标准内。

（五）融入最新的安全管理理念

在事故原因分析方面，通常认为三分技术，七分管理；优秀的管理理念与方法是安全生产的重要保障，因此，将最新的安全管理理念融入标准内。

（六）严格执行国家标准

标准编制严格执行《标准化工作导则　第 1 部分：标准化文件的结构和起草规则》（GB/T 1.1—2020）。

三、思路

在全面了解国家法律法规、标准及开滦（集团）有限责任公司现有文件的基础上，调研兄弟单位的标准编写情况与开滦矿区的工作面突出预测实施情况，按照国家标准的要求编写企业标准；在标准内，融入最新的技术（如预测资料信息化管理等）和最新的安全管理理念（如双控预防机制、PDCA 循环管理等）。PDCA 循环管理如图 4-20 所示。

四、内容

除了国家标准要求的前言、引言等相关信息外，需要编制如下主要内容。

（一）增加有关名称的术语和定义

有些名称，国家相关标准中已经有的，直接引用；对于国家相关标准中目前还没有的，需要自行定义。

（二）编写总体要求

编写一个工作面突出预测总体要求，统领整个标准。

（三）确定适用条件

明确开展工作面突出预测的两个"四位一体"综合防突措施环节、工作面种类、情形及实施时间等信息。

（四）明确依据与方法

明确工作面突出预测指标及临界值的选择依据与预测方法。

（五）编制组织与实施程序

编制工作面突出预测的组织与实施程序，用于指导不同煤矿、不同地点的工作面突出预测工作，是标准的核心内容。

（六）编制资料管理方法

编制工作面突出预测资料的纸质化管理和信息化管理要求。

（七）提出持续改进方法

提出进一步提升工作面突出危险性预测水平的持续改进措施。

（八）编制附录

配合标准正文编写，编制相应的附录文件，为标准的实施提供必要条件与便利条件。

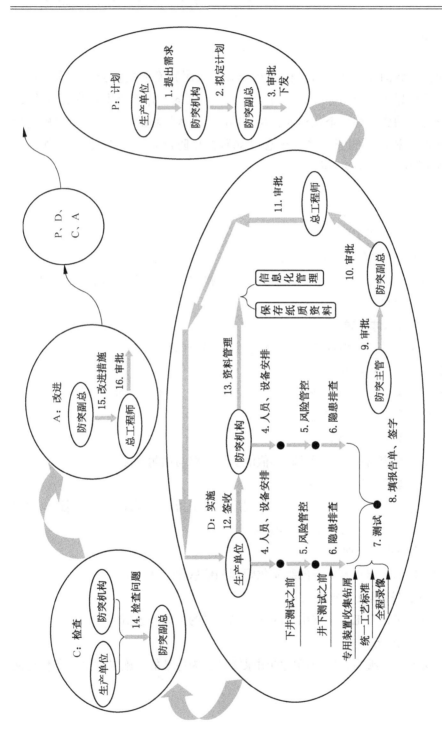

图4-20 工作面煤与瓦斯突出危险性预测的组织与实施流程

五、过程

自 2020 年 4 月开始，编制该标准，历经多次开会讨论、多次修改，形成 30 多个版本，部分初稿见附录 2。

第五节 工作面煤与瓦斯突出预测新方法和预警新技术

一、工作面煤与瓦斯突出预测新指标

（一）新指标的提出

由于煤与瓦斯突出机理的复杂性及不同煤田地质条件的差异性，导致现行各指标在不同煤田突出预测中的敏感性存在很大差异，甚至指标的预测结果与实际突出危险性不符，最终导致煤与瓦斯突出事故时有发生，并造成重大人员伤亡和财产损失。这就需要探索新的突出预测方法，并且《防治煤与瓦斯突出细则》也鼓励各企业自行摸索适合本矿区地质条件的突出预测方法。

根据煤与瓦斯突出的综合作用假说，煤与瓦斯突出风险取决于地应力、瓦斯压力和煤体的物理力学性质；地应力和瓦斯压力越大，典型的突出煤层（强度低、瓦斯放散速度快）煤体的破碎程度必然越剧烈，即打钻时，煤屑中的小颗粒所占比例较多。因此，钻屑中煤颗粒的尺寸分布状况可以反映出突出发生的风险。

打钻测定钻屑指标并进行突出预测是突出煤层开采的必备工序，每一次打钻，钻孔都会产生煤屑，因此，只要认真收集、测定，必将获得海量的钻屑中煤颗粒尺寸大小的数据。通过提取能够反映钻孔煤屑尺寸分布状况的特征值，并应用该特征值进行突出预测是可行的。

（二）新指标测定装置设计

直接测定钻孔煤屑的粒径分布情况，费时费力，并且筛选工艺本身对煤粒有一定的破坏作用，为此，可采用间接方法测定。

思路如下：利用高压气流冲击煤屑，在气流作用下，颗粒越小，飘移距离越远；反之，颗粒越大，飘移距离越近；不同飘移距离的煤屑所占比例是煤屑尺寸分布状况的真实反映；将不同飘移距离的煤屑所占比例描绘成曲线，结合瑞利分布概率密度函数及曲线，找出飘移距离与煤屑所占比例关系曲线的特征值，通过

该特征值反映煤屑的尺寸分布状况，并采用该特征值作为突出预测指标。

在上述思路下，设计测定装置，如图 4-21 所示。

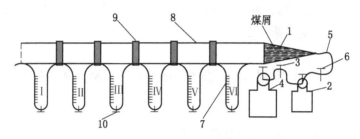

1—储样罐；2—小充气管；3、6—控制阀；4—大充气管；5—橡胶管；7—漏斗状有机玻璃管；
8—有机玻璃管；9—PVC 塑料管；10—阀门

图 4-21　测定钻孔煤屑尺寸分布状况的装置示意图

该装置包括储样罐、煤屑飘移通道、煤屑收集容器、充气装置和控制阀；煤屑飘移通道横向水平设置，一端连接储样罐；煤屑飘移通道底部等距离安装多个煤屑收集容器；储样罐与充气装置连接，充气装置通过控制阀控制，当阀门打开，充气装置向储样罐内通入气体，将储样罐内的煤屑吹入煤屑飘移通道；煤屑在随气流移动的过程中受重力的作用下落，被煤屑收集容器收集。

煤屑飘移通道由多个直径相等的透明有机玻璃管首尾相接组成，两段有机玻璃管之间通过 PVC 塑料管进行拼接；有机玻璃管的纵截面为半圆形，底面开设有能够安装煤屑收集容器的安装口。

有机玻璃管由 PMMA 材质构成，有机玻璃管的数量为 6 节，一节有机玻璃管的长度为 30 cm，直径为 20 cm，由 PVC 塑料管进行拼接后，为试验提供一个煤屑被吹动后的移动通道。

煤屑收集容器为带有刻度的透明有机玻璃管，管底设有出料口，并安装有阀门控制出料，管口向外扩张成漏斗状，与煤屑飘移通道的有机玻璃管底面的安装口连接。有机玻璃管设有刻度，最大量程为 200 mL，单位刻度为 4 mL，数量与煤屑飘移通道的有机玻璃管相同，用于接取吹落的煤屑，阀门用来取出和回收所用煤屑。

煤屑飘移通道的安装口和煤屑收集容器的管口对应设有向外伸出的凸缘，通过 PVC 塑料管进行连接，或者对应设有外螺纹、内螺纹，通过螺纹连接。充气装置包括大充气管和小充气管，其中大充气管通过橡胶软管与小充气管连接，为小充气管充气，小充气管通过橡胶软管与储样罐连接；橡胶软管上分别安装控制阀。

储样罐呈圆锥状，圆锥底面和顶端均设有开口，其中底端开口通过 PVC 塑料管与煤屑飘移通道连接，横端连接充气装置。储样罐用于装煤屑，最多可容纳 1000 mL 的煤屑。

(三) 新指标应用方法

(1) 先组装装置，将储样罐 1 窄的一端与小充气管 2 连接，中间安设控制阀 3，再将小充气管 2 与大充气管 4 通过橡胶管 5 连接，同样中间设置控制阀 6。

(2) 将 6 个漏斗状有机玻璃管 7 分别与 6 节有机玻璃管 8 一个对一个进行拼接，之后用 5 个 PVC 塑料管 9 将各个有机玻璃管 8 进行拼接。

(3) 对漏斗状有机玻璃管 7 分别贴上不同煤屑尺寸级别的标签，级别共分为 6 个等级，从左到右依次贴上Ⅰ、Ⅱ、Ⅲ、Ⅳ、Ⅴ、Ⅵ；漏斗状有机玻璃管 7 的数量越多，煤屑尺寸划分越详细，所得的煤屑尺寸分布状况越精确。

(4) 将储样罐 1 与组装好的有机玻璃管 8 进行对接。

(5) 装置组装完毕后，开始井下工人打钻，并记录现场打钻时是否存在突出预兆，待打到预定位置时，将钻屑取出。

(6) 首先测定国家法律法规推荐的预测指标的数值；再从所取的钻屑中随机挑选出 1000 mL 煤样，作为试验煤样。

(7) 将试验煤样放置在储样罐 1 中，打开控制阀 3，先用大充气管 4 向小充气管 2 内充气，同时闭合控制阀 6，向小充气管 2 充完足够的气体后，闭合控制阀 3；打开控制阀 6，让高压气流冲击试验煤样，煤样在气流作用下，进入有机玻璃管 8 的管道，煤样在重力作用下，沿途下沉；大颗粒飘移的距离近，小颗粒飘移的距离远。

(8) 关闭控制阀 6，检查各漏斗状玻璃管 7 的煤屑体积，并绘制出煤屑体积随煤屑尺寸等级变化的分布曲线，最后打开阀门 10，对煤屑进行回收。

(9) 由于得出的分布曲线符合瑞利分布曲线，此时结合瑞利分布曲线和瑞利分布方程：

$$f(x) = \frac{x}{\sigma^2} e^{-\frac{x^2}{2\sigma^2}} \quad (x > 0)$$

式中　$f(x)$——煤屑体积；

　　　x——煤屑尺寸等级；

　　　σ——特征值。

可以求出煤屑颗粒尺寸分布曲线的 σ 值，σ 值即可作为新的突出预测指标值。

（10）重复（1）~（9）的步骤，再在井下多打几组钻孔，进行多组测定，同时记录煤层是否出现突出预兆。

（11）多组测定完毕后，对新的突出预测指标值的临界值进行考察，将新的预测指标值和测定的国家法律法规推荐预测指标的数值进行比对，当国家法律法规推荐预测指标的数值达到临界值并且有明显的突出预兆时，此时对应的新的煤层突出预测指标值即为新的突出预测指标临界值。

（12）在考察新的突出预测指标临界值的基础上，每次预测可以直接测定预测指标值，并与新的突出预测指标邻近值进行比对，从而判断是否有突出危险性。

该方法与装置是对煤层突出预测方法的补充，通过对煤屑尺寸分布状况进行测定和分析煤屑尺寸分布规律，结合国家推荐的突出预测指标和临界值这种新方法，最终得出新的煤层突出危险性预测指标，使其进一步丰富煤层突出预测指标和完善煤层突出预测体系。该方法与装置对煤矿企业在预测煤层突出危险性工作中具有很大的借鉴价值。

二、工作面煤与瓦斯突出预警新技术

（一）预警新技术的提出

预警可以实现灾害的早期识别，有利于灾害防控，为此，《煤矿安全规程》和《防治煤与瓦斯突出细则》均要求突出矿井建立预警机制，利用多元信息进行综合预警。

现有的电磁辐射预警、声发射预警、红外测温预警、微震监测预警、工作面瓦斯涌出异常预警等单一预警指标在准确性方面存在一些不足；多种信息综合预警方法在可操作性方面还需改进。

为此，提出一种基于早期预警与实时预警联合作用的煤与瓦斯突出综合预警方法。

（二）新预警方法的设计

1. 总体方案

新的煤与瓦斯突出预警方法如图 4-22 所示，该方法采用早期预警与实时预警，进行煤与瓦斯突出综合预警。

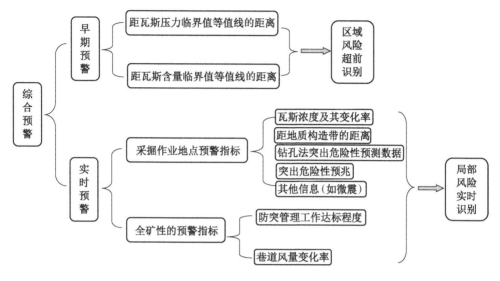

图 4-22 煤与瓦斯突出预警方法示意图

2. 早期预警技术方案

在矿井瓦斯地质图上，绘制煤层瓦斯压力等值线或瓦斯含量等值线，并标明具有煤与瓦斯突出风险的瓦斯压力临界值等值线和瓦斯含量临界值等值线（瓦斯压力临界值为 0.74 MPa，瓦斯含量临界值为 8 m³/t）。在此基础上，描绘采掘作业地点，并随着采掘进尺对作业地点的位置进行实时更新；根据采掘作业地点距具有煤与瓦斯突出风险的临界值等值线（包括瓦斯压力和瓦斯含量）的距离，进行早期预警（如不小于 100 m，无风险；100~20 m，黄色预警；不大于 20 m，红色预警），具体如图 4-23 所示。

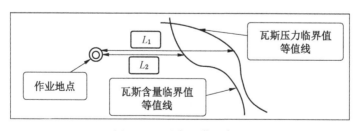

图 4-23 早期预警示意图

3. 实时预警技术方案

选择采掘作业地点距地质构造带的距离、瓦斯浓度及其变化率、钻孔法突出危险性预测数据、突出危险性预兆、其他信息（如微震、地音和电磁辐射等）、全矿井的防突管理工作达标程度和巷道风量变化率作为预警指标，进行实时预警；针对每个预警指标，给出预警标准（如距地质构造带距离指标，不小于30 m，无风险；30~10 m，黄色预警；不大于10 m，红色预警）。

4. 预警指标的新颖性

在传统实时预警指标的基础上，增加了 3 个指标，分别是采掘作业地点距地质构造带的距离、矿井防突管理工作达标程度和巷道风量变化率。这 3 个指标实施方案如下。

（1）采掘作业地点距地质构造带的距离。方法与图 4-23 中的早期预警基本类似，将临界值等值线替换为地质构造即可。

（2）矿井防突管理工作达标程度。建立一个信息化管理系统，将矿井防突机构、各级人员（负责人、防突工、专业技术人员、一般人员和其他特种作业人员等）、管理文件和日常的各项管理工作（防突专题调研、逃生演习、防突计划和防突措施的讲解与落实等）纳入系统内，建立各项管理指标是否达标的判定依据，并实时显示是否达标；实时统计不达标项目数量，确定矿井防突管理工作的达标程度，并进行预警。

例如，管理文件如果不是最新版本的，就是不达标；防突工如果没有取得特种作业证书，也是不达标。

（3）巷道风量变化率。矿井实时监测各主要巷道的风量，当风量发生变化时，根据风量的变化率进行分级预警。

（三）新预警技术应用方法

（1）在矿井瓦斯地质图上，标明具有煤与瓦斯突出风险的瓦斯压力临界值等值线和瓦斯含量临界值等值线。

（2）在矿井瓦斯地质图上，描绘采掘作业地点，并随着采掘进尺对作业地点的位置进行实时更新。

（3）测量采掘作业地点距具有煤与瓦斯突出风险的临界值等值线（瓦斯压力和瓦斯含量）的距离，并根据该距离进行早期预警，识别该区域的煤与瓦斯突出风险，确定风险等级；两项指标均有预警结果，早期预警结论以高的为准。

（4）无风险区，可继续作业；黄色预警，需要加强管控；红色预警，停止作业，采取措施。

（5）在早期预警的无风险区和黄色预警区，继续进行实时预警。

（6）测量采掘作业地点距地质构造带的距离，采集作业地点瓦斯浓度并计算变化率，录入作业地点的钻孔法突出危险性预测数据，记录作业地点的各种突出危险性预兆，采集作业地点的其他物探信息（包括微震、地音和电磁辐射等）。

（7）根据国家法律法规及企业规章制度，判定矿井的防突管理工作达标程度；采集矿井主要巷道的巷道风量并计算变化率。

（8）利用（6）和（7）中的指标（共7项）进行实时预警；识别采掘作业地点局部区域的煤与瓦斯突出风险，确定风险等级；7项指标均有预警结果，实时预警结论以高的为准。

（9）实时预警的风险等级，可按如下标准确定：①距地质构造带的距离指标：不小于30 m，无风险；30~10 m，黄色预警；不大于10 m，红色预警。②瓦斯浓度及其变化率：瓦斯浓度不大于临界值的80%，并且变化率不大于20%，无风险；瓦斯浓度为临界值的80%~100%，或者变化率为20%~50%，黄色预警；瓦斯浓度超限或变化率不小于50%，红色预警。③钻孔法突出危险性预测数据：不大于临界值的80%，无风险；为临界值的80%~100%，黄色预警；超临界值，红色预警。④各种突出危险性预兆：无预兆，无风险；一般预兆，黄色预警；典型预兆，红色预警。⑤其他物探信息：不大于临界值的80%，无风险；为临界值的80%~100%，黄色预警；超临界值，红色预警。⑥防突管理工作达标程度：完全达标，无风险；1~2项不达标，黄色预警；不达标数不小于3，红色预警。⑦巷道风量变化率：不大于20%，无风险；20%~50%，黄色预警；不小于50%，红色预警。

（10）综合预警：根据早期预警结论和实施预警结论，综合确定：①无风险：早期预警和实时预警，均无风险；②黄色预警：早期预警和实时预警，有一项为黄色；③红色预警：包括3种情况，早期预警为红色、实时预警为红色、早期预警为黄色并且实时预警也为黄色。

根据采掘作业地点距具有煤与瓦斯突出风险的临界值等值线（包括瓦斯压力和瓦斯含量）的距离，进行早期预警，可以提前对整个作业区域的煤与瓦斯突出风险进行识别，相当于从宏观上利用双指标进行整体提前预警。将采掘作业地点距地质构造带的距离、瓦斯浓度及其变化率、钻孔法突出危险性预测数据、突出危险性预兆和其他信息（如微震、地音和电磁辐射等）、全矿井的防突管理工作达标程度和巷道风量变化率作为预警指标，进行实时预警，可以及时对采掘作业地点附近局部区域的煤与瓦斯突出风险进行识别，相当于从微观上利用多指标进行局部实时预警。因此，早期预警与实时预警相结合的综合预警（宏观上的双指标整体提前预警+微观上的多指标局部实时预警），可以有效提高煤与瓦斯突出风险识别的超前性与准确性，对煤矿企业的煤与瓦斯突出风险预警，具有很大的实用价值。

附录1 主 要 程 序

Public Sub DaTaOutSave（ByVal Str（ ）As String，ByVal INUM As Integer）'1-添加工作面信息，注意要根据 INUM 选择不同的数据表

  On Error GoTo errorR

  Dim strInfo As String ="Provider = Microsoft. Jet. OLEDB. 4. 0；Data source ="& Application. StartupPath &"\ Stout. mdb"&"；Persist Security Info = False"&"；jet oledb：database password ="&"13228815115"

  Dim conn As OleDbConnection ：conn = New OleDbConnection（strInfo）：conn. Open（ ）

  Dim cmd As New OleDbCommand

  cmd. Connection = conn

  If INUM =1 Then

  cmd. CommandText ="insert into［T11］values（'"& Str(0) &"'，'"& Str(1) &"'，'"& Str(2) & _ "'，'"& Str(3) &"'，'"& Str(4) &"'，'"& Str(5) &"'，'"& Str(6) &"'，'"& Str(7) &"'，'"& Str(8) & _ "'，'"& Str(9) &"'，'"& Str(10) &"'，'"& Str(11) &"'，'"& Str(12) &"'，'"& Str(13) &"'，'"& Str(14) & _ "'，'"& Str(15) &"'，'"& Str(16) &"'，'"& Str(17) &"'，'"& Str(18) &"'，'"& Str(19) &"'，'"& Str(20) & _ "'，'"& Str(21) &"'，'"& Str(22) &"'，'"& Str(23) &"'，'"& Str(24) &"'，'"& Str(25) &"'，'"& Str(26) & _ "'，'"& Str(27) &"'，'"& Str(28) &"'，'"& Str(29) &"'，'"& Str(30) &"'，'"& Str(31) &"'，'"& Str(32) & _ "'，'"& Str(33) &"'，'"& Str(34) &"'，'"& Str(35) &"'，'"& Str(36) &"'，'"& Str(37) &"'，'"& Str(38) & _ "'，'"& Str(39) &"'，'"& Str(40) &"'，'"& Str(41) &"'，'"& Str(42) &"'，'"& Str(43) &"'，'"& Str(44) & _ "'，'"& Str(45) &"'，'"& Str(46) &"'，'"& Str(47) &"'，'"& Str(48) &"'，'"& Str(49) &"'，'"& Str(50) & _ "'，'"& Str(51) &"'，'"& Str(52) &"'，'"& Str(53) &"'，'"& Str(54) &"'，'"& Str(55) & "'，'"& Str(56) & _ "'，'"& Str(57) &"'，'"& Str(58) &"'，'"& Str(59) &"'，'"&

Str(60) & "，"& Str(61) & "，"& Str(62) & _ "，"& Str(63) & "，"& Str(64)
& "，"& Str(65) & "，"& Str(66) & "，"& Str(67) & "，"& Str(68) & _ "，"&
Str(69) & "，"& Str(70) & "，"& Str(71) & "，"& Str(72) & "，"& Str(73) &
"，"& Str(74) & _ "，"& Str(75) & "，"& Str(76) & "，"& Str(77) & "，"&
Str(78) & "，"& Str(79) & "，"& Str(80) & _ "，"& Str(81) & "，"& Str(82)
& "，"& Str(83) & "，"& Str(84) & "，"& Str(85) & "，"& Str(86) & _ "，"&
Now & "，"，"& Str(88) & ")"

    ElseIf INUM = 2 Then

    cmd. CommandText ="insert into［T12］values ("& Str(0) & "，"&
Str(1) & "，"& Str(2) & _ "，"& Str(3) & "，"& Str(4) & "，"& Str(5) & "，"
"& Str(6) & "，"& Str(7) & "，"& Str(8) & _ "，"& Str(9) & "，"& Str(10)
& "，"& Str(11) & "，"& Str(12) & "，"& Str(13) & "，"& Str(14) & _ "，"&
Str(15) & "，"& Str(16) & "，"& Str(17) & "，"& Str(18) & "，"& Str(19) &
"，"& Str(20) & _ "，"& Str(21) & "，"& Str(22) & "，"& Str(23) & "，"&
Str(24) & "，"& Str(25) & "，"& Str(26) & _ "，"& Str(27) & "，"& Str(28)
& "，"& Str(29) & "，"& Str(30) & "，"& Str(31) & "，"& Str(32) & _ "，"&
Str(33) & "，"& Str(34) & "，"& Str(35) & "，"& Str(36) & "，"& Str(37) &
"，"& Str(38) & _ "，"& Str(39) & "，"& Str(40) & "，"& Str(41) & "，"&
Str(42) & "，"& Str(43) & "，"& Str(44) & _ "，"& Str(45) & "，"& Str(46)
& "，"& Str(47) & "，"& Str(48) & "，"& Str(49) & "，"& Str(50) & _ "，"&
Str(51) & "，"& Str(52) & "，"& Str(53) & "，"& Str(54) & "，"& Str(55) &
"，"& Str(56) & _ "，"& Str(57) & "，"& Str(58) & "，"& Str(59) & "，"&
Str(60) & "，"& Str(61) & "，"& Str(62) & _ "，"& Str(63) & "，"& Str(64)
& "，"& Str(65) & "，"& Str(66) & "，"& Str(67) & "，"& Str(68) & _ "，"&
Str(69) & "，"& Str(70) & "，"& Str(71) & "，"& Str(72) & "，"& Str(73) &
"，"& Str(74) & _ "，"& Str(75) & "，"& Str(76) & "，"& Str(77) & "，"&
Str(78) & "，"& Str(79) & "，"& Str(80) & _ "，"& Str(81) & "，"& Str(82)
& "，"& Str(83) & "，"& Str(84) & "，"& Str(85) & "，"& Str(86) & _ "，"&
Now & "，"，"& Str(88) & ")"& "order by "

    ElseIf INUM = 3 Then

    cmd. CommandText ="insert into［T13］values ("& Str(0) & "，"&

Str(1) & "', "' & Str(2) & _ "', "' & Str(3) & "', "' & Str(4) & "', "' & Str(5) & "',
"' & Str(6) & "', "' & Str(7) & "', "' & Str(8) & _ "', "' & Str(9) & "', "' & Str(10)
& "', "' & Str(11) & "', "' & Str(12) & "', "' & Str(13) & "', "' & Str(14) & _ "', "' &
Str(15) & "', "' & Str(16) & "', "' & Str(17) & "', "' & Str(18) & "', "' & Str(19) &
"', "' & Str(20) & _ "', "' & Str(21) & "', "' & Str(22) & "', "' & Str(23) & "', "' &
Str(24) & "', "' & Str(25) & "', "' & Str(26) & _ "', "' & Str(27) & "', "' & Str(28)
& "', "' & Str(29) & "', "' & Str(30) & "', "' & Str(31) & "', "' & Str(32) & _ "', "' &
Str(33) & "', "' & Str(34) & "', "' & Str(35) & "', "' & Str(36) & "', "' & Str(37) &
"', "' & Str(38) & _ "', "' & Str(39) & "', "' & Str(40) & "', "' & Str(41) & "', "' &
Str(42) & "', "' & Str(43) & "', "' & Str(44) & _ ', "' & Str(45) & "', "' & Str(46)
& "', "' & Str(47) & "', "' & Str(48) & "', "' & Str(49) & "', "' & Str(50) & _ "', "' &
Str(51) & "', "' & Str(52) & "', "' & Str(53) & "', "' & Str(54) & "', "' & Str(55) &
"', "' & Str(56) & _ "', "' & Str(57) & "', "' & Str(58) & "', "' & Str(59) & "', "' &
Str(60) & "', "' & Str(61) & "', "' & Str(62) & _ "', "' & Str(63) & "', "' & Str(64)
& "', "' & Str(65) & "', "' & Str(66) & "', "' & Str(67) & "', "' & Str(68) & _ "', "' &
Str(69) & "', "' & Str(70) & "', "' & Str(71) & "', "' & Str(72) & "', "' & Str(73) &
"', "' & Str(74) & _ "', "' & Str(75) & "', "' & Str(76) & "', "' & Str(77) & "', "' &
Str(78) & "', "' & Str(79) & "', "' & Str(80) & _ "', "' & Str(81) & "', "' & Str(82)
& "', "' & Str(83) & "', "' & Str(84) & "', "' & Str(85) & "', "' & Str(86) & _ "', "' &
Now & "', "' & Str(88) & "') "' & " order by "

   ElseIf INUM = 4 Then

     cmd. CommandText ="insert into [T14] values ("' & Str(0) & "', "' &
Str(1) & "', "' & Str(2) & _ "', "' & Str(3) & "', "' & Str(4) & "', "' & Str(5) & "',
"' & Str(6) & "', "' & Str(7) & "', "' & Str(8) & _ "', "' & Str(9) & "', "' & Str(10)
& "', "' & Str(11) & "', "' & Str(12) & "', "' & Str(13) & "', "' & Str(14) & _ "', "' &
Str(15) & "', "' & Str(16) & "', "' & Str(17) & "', "' & Str(18) & "', "' & Str(19) &
"', "' & Str(20) & _ "', "' & Str(21) & "', "' & Str(22) & "', "' & Str(23) & "', "' &
Str(24) & "', "' & Str(25) & "', "' & Str(26) & _ "', "' & Str(27) & "', "' & Str(28)
& "', "' & Str(29) & "', "' & Str(30) & "', "' & Str(31) & "', "' & Str(32) & _ "', "' &
Str(33) & "', "' & Str(34) & "', "' & Str(35) & "', "' & Str(36) & "', "' & Str(37) &
"', "' & Str(38) & _ "', "' & Str(39) & "', "' & Str(40) & "', "' & Str(41) & "', "' &

Str(42) & '", "' & Str(43) & '", "' & Str(44) & _ ", "' & Str(45) & '", "' & Str(46)
& '", "' & Str(47) & '", "' & Str(48) & '", "' & Str(49) & '", "' & Str(50) & _ ", "' &
Str(51) & '", "' & Str(52) & '", "' & Str(53) & '", "' & Str(54) & '", "' & Str(55) &
'", "' & Str(56) & _ ", "' & Str(57) & '", "' & Str(58) & '", "' & Str(59) & '", "' &
Str(60) & '", "' & Str(61) & '", "' & Str(62) & _ ", "' & Str(63) & '", "' & Str(64)
& '", "' & Str(65) & '", "' & Str(66) & '", "' & Str(67) & '", "' & Str(68) & _ ", "' &
Str(69) & '", "' & Str(70) & '", "' & Str(71) & '", "' & Str(72) & '", "' & Str(73) &
'", "' & Str(74) & _ ", "' & Str(75) & '", "' & Str(76) & '", "' & Str(77) & '", "' &
Str(78) & '", "' & Str(79) & '", "' & Str(80) & _ ", "' & Str(81) & '", "' & Str(82)
& '", "' & Str(83) & '", "' & Str(84) & '", "' & Str(85) & '", "' & Str(86) & _ ", "' &
Now & '", "' & Str(88) & '") " & " order by "

```
            End If
            cmd. ExecuteNonQuery ()
            cmd. Dispose ()
            conn. Close ()
            conn. Dispose ()
            MsgBox ("信息添加成功!!! ", vbInformation + vbOKOnly, "添加提示")
            Exit Sub
    errorR:
            MsgBox (Err. Description, vbInformation + vbOKOnly, "数据库错
误")
            cmd. Dispose ()
            conn. Close ()
            conn. Dispose ()
        End Sub
    Public Function DaTaExit (ByVal Str() As String, ByVal INUM As Integer) As
Boolean '1-检索工作面记录是否存在
            On Error GoTo errorR
            Dim strinfo As String = " Provider = Microsoft. Jet. OLEDB. 4. 0; Data
source=" & Application. StartupPath & "\ Stout. mdb " & "; Persist Security Info=False
" & "; jet oledb: database password=" & " 13228815115 "
```

```
        Dim conn As OleDbConnection : conn = New OleDbConnection
(strinfo) : conn. Open ()
        Dim cmd As New OleDbCommand
        cmd. Connection = conn
        If INUM = 1 Then
        cmd. CommandText ="select * from [T11] where [M3] ="' & Str(2)
& "" & " and [m1] ="' & Str(0) & ""
        ElseIf INUM = 2 Then
        cmd. CommandText ="select * from [T12] where [M3] ="' & Str(2)
& "" & " and [m1] ="' & Str(0) & ""
        ElseIf INUM = 3 Then
        cmd. CommandText ="select * from [T13] where [M3] ="' & Str(2)
& "" & " and [m1] ="' & Str(0) & ""
        ElseIf INUM = 4 Then
        cmd. CommandText ="select * from [T14] where [M3] ="' & Str(2)
& "" & " and [m1] ="' & Str(0) & ""
        End If
        Dim dr As OleDbDataReader = cmd. ExecuteReader
        If dr. Read Then 判断数据记录是否存在，需不需要覆盖
            DaTaExit = True
        Else
            DaTaExit = False
        End If
        dr = Nothing : cmd. Dispose () : conn. Close () : conn. Dispose () :
Exit Function
    errorR:
        MsgBox (Err. Description, vbInformation + vbOKOnly, "数据库错误")
        cmd. Dispose () : dr. Close ()
        conn. Close ()
        conn. Dispose ()
    End Function
```

```
【 For i = 13 To 66                分析数据峰值及危险性
              If IsNumeric（SD1（i））= False Then
              MsgBox（"数据录入存在非数字字符，请检查后更正！", vbO-
KOnly & vbInformation，"提示"）：Exit Sub
              End If
         Next
         ZERO（）
         For i = 13 To 39
              If MaxNum1（0）< CDbl（SD1（i））Then MaxNum1（0）= CDbl
（SD1（i））'寻找最大值
         Next
         For i = 40 To 66
              If MaxNum1（1）< CDbl（SD1（i））Then MaxNum1（1）= CDbl
（SD1（i））'寻找最大值
         Next
         TextBox453. Text = MaxNum1（0）：TextBox452. Text = MaxNum1（1）
         If MaxNum1（0）< 200 And MaxNum1（1）< 6 And SAll（67）= "无"
And SAll（68）= "无" And SAll（69）= "无" And SAll（70）= "无" And SAll（71）= "
无" And SAll（72）= "无" Then
              TextBox81. Text = "无危险！"：TextBox81. ForeColor = Color. Green
         Else
              TextBox81. Text = "危险报警，请核实数据！"：TextBox81. ForeColor =
Color. Red
         End If】
    Private Sub Button3_ Click_ 1（ByVal sender As System. Object，ByVal e As
System. EventArgs）Handles Button3. Click ' 1-地质构造图片上传
         On Error Resume Next
         Dim FileStr As String = Application. StartupPath & "\ FILE \ 1 \ B1 \ "
& Trim（TB1. Text）& " \ " & Trim（TB4. Text）& Trim（TB5. Text）& Trim
（TB6. Text）& Trim（TB7. Text）
         Dim CreateDirectoryResult As String = CreateFile（FileStr，False）
```

DFilePath = FileStr

Dim DfilePath1 AsString

　Dim str As String = Trim（TB4. Text）& Trim（TB5. Text）& Trim（TB6. Text）& Trim（TB7. Text）

Dim StartFilename As String = E_ name

If E_ name ="" Then

MsgBox（"请先选择需要上传的图片文件！"，vbOKOnly，"提示"）：Exit Sub

End If

If DFilePath ="" Then

MsgBox（"请先检查是否创建目标存储文件夹！"，vbOKOnly，"提示"）：Exit Sub

End If

DfilePath1 = DFilePath & " \ " & str & Now. Minute（）& Now. Second（）& ". jpg"

My. Computer. FileSystem. CopyFile（StartFilename，DfilePath1，FileIO. UIOption. AllDialogs）

MsgBox（"图片上传成功！！！"，vbOKOnly & vbInformation，"提示"）

End Sub

Private Sub Button5_ Click_ 1（ByVal sender As System. Object，ByVal e As System. EventArgs）Handles Button5. Click '1-视频上传

Dim CreateDirectoryResult As String = CreateFile（FileStr，False）

Dim FileStr1 As String = Application. StartupPath & " \ FILE \ 1 \ B1 \ " & Trim（TB1. Text）& " \ " & Trim（TB4. Text）& Trim（TB5. Text）& Trim（TB6. Text）& Trim（TB7. Text）

Dim CreateDirectoryResult1 As String = CreateFile（FileStr1，False）

DFilePath = FileStr1

Dim Dfilepath1 As String

Dim StartFilename As String = E_ name

If E_ name ="" Then

MsgBox（"请先选择需要上传的视频文件！"，vbOKOnly，"提示"）：

Exit Sub

        End If

        If DFilePath ="" Then

           MsgBox ("请先检查是否创建目标存储文件夹！", vbOKOnly, "提示"): Exit Sub

        End If

        Dfilepath1 = DFilePath & "\ "& str & Now. Minute & Now. Second & ". MP4 "

           My. Computer. FileSystem. CopyFile (StartFilename, Dfilepath1, FileIO. UIOption. AllDialogs)

        Timer1. Enabled = True

        Do While Timer1. Enabled = True

           Application. DoEvents ()

        Loop

        Button6. Enabled = True : Button5. Enabled = False

    End Sub

    Private Sub GetAddInfo (ByVal Inum As Integer) ' 1---获取巷道掘进数据库中对应的工作面，即工作地点，不重复

        On Error GoTo errorR

        Dim str11 As String = " Provider = Microsoft. Jet. OLEDB. 4. 0; Data source=" & Application. StartupPath & "\ Stout. mdb " & "; Persist Security Info = False " & "; jet oledb: database password=" & " 13228815115 "

        Dim conn As OleDbConnection : conn = New OleDbConnection (str11): conn. Open ()

        Dim cmd As New OleDbCommand

        cmd. Connection = conn

        If Inum = 1 Then

           cmd. CommandText =" select * from [T11] "

        ElseIf Inum = 2 Then

           cmd. CommandText =" select * from [T12] "

        ElseIf Inum = 3 Then

```
                cmd. CommandText =" select  *  from [T13] "
          ElseIf Inum = 4 Then
                cmd. CommandText =" select  *  from [T14] "
          End If
          Dim dr As OleDbDataReader = cmd. ExecuteReader
          Dim Rstr (1) As String
          While (dr. Read)
                dr. GetValues (Rstr)
                If LB1. Items. Contains (Rstr (0)) = False Then
                    LB1. Items. Add (Rstr (0))
                End If
          End While
          dr = Nothing : cmd. Dispose () : conn. Close () : conn. Dispose () :
Exit Sub
      errorR:
                MsgBox (Err. Description, vbInformation + vbOKOnly, "数据库错误")
                cmd. Dispose () ' dr. Close ()
                conn. Close ()
                conn. Dispose ()
      End Sub
      Private Sub Button18_ Click (ByVal sender As System. Object, ByVal e As
System. EventArgs) Handles Button18. Click ' 1---掘进整条巷道信息删除
                If LB1. Text ="" Then
                    MsgBox ("请选择需要删除的工作面!!! ", vbOKOnly & vbInfor-
mation, "删除提示") : Exit Sub
                End If
                On Error GoTo errorR
                Dim Strinfox As String = Nothing
                Dim str11 As String = " Provider = Microsoft. Jet. OLEDB. 4. 0; Data
source =" & Application. StartupPath & " \ Stout. mdb " & "; Persist Security Info = False
" & "; jet oledb: database password =" & " 13228815115 "
```

```
    Dim conn As OleDbConnection ：conn = New OleDbConnection
（str11）：conn. Open（）
    Dim cmd As New OleDbCommand
    cmd. Connection = conn
    If CNum1 = 1 Then
    cmd. CommandText ="delete * from［T11］where［M1］="' & Trim
（LB1. Text）& "'"
    Strinfox = Application. StartupPath & " \ FILE \ 1 \ B1 \ " & Trim
（LB1. Text）
    ElseIf CNum1 = 2 Then
    cmd. CommandText ="delete * from［T12］where［M1］="' & Trim
（LB1. Text）& "'"
    Strinfox = Application. StartupPath & " \ FILE \ 1 \ B2 \ " & Trim
（LB1. Text）
    ElseIf CNum1 =3 Then
    cmd. CommandText ="delete * from［T13］where［M1］="' & Trim
（LB1. Text）& "'"
    Strinfox = Application. StartupPath & " \ FILE \ 1 \ B3 \ " & Trim
（LB1. Text）
    ElseIf CNum1 = 4 Then
    cmd. CommandText ="delete * from［T14］where［M1］="' & Trim
（LB1. Text）& "'"
    Strinfox = Application. StartupPath & " \ FILE \ 1 \ B4 \ " & Trim
（LB1. Text）
    End If
    cmd. ExecuteNonQuery（）
    cmd. Dispose（）：conn. Close（）：conn. Dispose（）
    Button9_ Click（sender，e）
    DeleteInfo（Strinfox）
    MsgBox（"工作面数据及文件信息删除成功!!! ", vbOKOnly & vbIn-
formation， "删除提示"）
```

```
        Exit Sub
errorR：
        MsgBox（Err. Description，vbInformation + vbOKOnly，"数据库错误"）
        cmd. Dispose（）
        conn. Close（）
        conn. Dispose（）
    End Sub
    Public Sub DeleteInfo（ByVal Fpath As String） '删除工作面文件
        If IO. Directory. Exists（Fpath）Then
            My. Computer. FileSystem. DeleteDirectory（Fpath，FileIO. UIOption.
OnlyErrorDialogs，    FileIO. RecycleOption. SendToRecycleBin，    FileIO. UICancelOption.
DoNothing）
        End If
    End Sub
    Private Sub SearcHData（ByVal StrC As String，ByVal Inum As Integer） '1--掘
进工作面数据信息综合查询并绘图
        On Error GoTo errorR
        Dim str11 As String = " Provider = Microsoft. Jet. OLEDB. 4. 0；Data
source =" & Application. StartupPath & " \ Stout. mdb " & "；Persist Security Info = False
" & "；jet oledb：database password =" & " 13228815115 "
        Dim conn As OleDbConnection ：conn = New OleDbConnection
（str11）：conn. Open（）
        Dim cmd As New OleDbCommand
        cmd. Connection = conn
        IfInum = 1 Then
            If CKY1. Checked = True Then
                If CKM1. Checked = True Then
                    cmd. CommandText = " select ∗ from ［T11］ where
［M1］=" & StrC & "" & " and ［M4］=" & Trim（CBY1. Text）& "" & " and cint
（M5）>= " & CInt（CBM1. Text）& "" & " and cint（M5）<= " & CInt（CBM11. Text）
& ""
```

Else

    cmd. CommandText =" select ＊ from ［T11］ where ［M1］ ="' & StrC & "" & " and ［M4］ ="' & Trim（CBY1. Text）& "'"

    End If

Else

    cmd. CommandText =" select ＊ from ［T11］ where ［M1］ ="' & StrC & "'"

    End If

ElseIf Inum = 2 Then

    If CKY1. Checked = True Then

        If CKM1. Checked = True Then

        cmd. CommandText ="select ＊ from ［T12］ where ［M1］ ="' & StrC & "" & " and ［M4］ ="' & Trim（CBY1. Text）& "" & " and cint（M5）>= " & CInt（CBM1. Text）& "" & " and cint（M5）<= " & CInt（CBM11. Text）& "'"

        Else

        cmd. CommandText ="select ＊ from ［T12］ where ［M1］ ="' & StrC & "" & " and ［M4］ ="' & Trim（CBY1. Text）& "'"

        End If

    Else

    cmd. CommandText =" select ＊ from ［T12］ where ［M1］ ="' & StrC & "'"

    End If

ElseIf Inum = 3 Then

    If CKY1. Checked = True Then

        If CKM1. Checked = True Then

        cmd. CommandText =" select ＊ from ［T13］ where ［M1］ ="' & StrC & "" & " and ［m4］ ="' & Trim（CBY1. Text）& "" & " and cint（M5）>= " & CInt（CBM1. Text）& "" & " and cint（M5）<= " & CInt（CBM11. Text）& "'"

        Else

        cmd. CommandText =" select ＊ from ［T13］ where

［M1］="'" & StrC & "'" & " and ［m4］="'" & Trim（CBY1. Text）& "'"

      End If

     Else

      cmd. CommandText ="select * from ［T13］ where ［M1］="'"
& StrC & "'"

     End If

    ElseIf Inum = 4 Then

     If CKY1. Checked = True Then

      If CKM1. Checked = True Then

       cmd. CommandText =" select * from ［T14］ where
［M1］="'" & StrC & "'" & " and ［m4］="'" & Trim（CBY1. Text）& "'" & " and cint
（M5）>= "& CInt（CBM1. Text）& "'" & " and cint（M5）<= "& CInt（CBM11. Text）
& "'"

       Else

       cmd. CommandText =" select * from ［T14］ where
［M1］="'" & StrC & "'" & " and ［m4］="'" & Trim（CBY1. Text）& "'"

      End If

     Else

      cmd. CommandText ="select * from ［T14］ where ［M1］="'"
& StrC & "'"

     End If

    End If

   Dim dr As OleDbDataReader = cmd. ExecuteReader

   Dim Rstr（86）As Object

   LB11. Items. Clear（）

  Clear_ Chart（Chart1）: Clear_ Chart（Chart11）'图形清除

   While（dr. Read）

    dr. GetValues（Rstr）: LB11. Items. Add（Rstr（2））

    If Xmaxnum1 < CDbl（Rstr（1））Then

     Xmaxnum1 = CDbl（Rstr（1））

      Chart1. Axis. Bottom. Maximum = Xmaxnum1 + 5 :

Chart11. Axis. Bottom. Maximum = Xmaxnum1 + 5

      End If

    If Inum = 1 Then

        Dim dd1, dd2 As Double : dd1 = 200 : dd2 = 6

        Chart1. Series (1) . AddXY (CDbl (Rstr (1)), dd1, "", 0) : Chart11. Series (1) . AddXY (CDbl (Rstr (1)), dd2, "", 0)

        Chart1. Series (0) . AddXY (CDbl (Rstr (1)), CDbl (Rstr (85)), "", 0) : Chart11. Series (0) . AddXY (CDbl (Rstr (1)), CDbl (Rstr (86)), "", 0)

        Chart1. Series (2) . AddXY (CDbl (Rstr (1)), CDbl (Rstr (85)), "", 0) : Chart11. Series (2) . AddXY (CDbl (Rstr (1)), CDbl (Rstr (86)), "", 0)

        If Rstr (67) <>"无" Or Rstr (68) <>"无" Or Rstr (69) <>"无" Or Rstr (70) <>"无" Or Rstr (71) <>"无" Or Rstr (72) <>"无" Then

        Chart1. Series (3) . AddXY (CDbl (Rstr (1)), CDbl (Rstr (85)), "", 0) : Chart11. Series (3) . AddXY (CDbl (Rstr (1)), CDbl (Rstr (86)), "", 0)

        End If

    ElseIf Inum = 2 Then

        Dim dd1, dd2 As Double : dd1 = 0. 5 : dd2 = 6

        Chart1. Series (1) . AddXY (CDbl (Rstr (1)), dd1, "", 0): Chart11. Series (1) . AddXY (CDbl (Rstr (1)), dd2, "", 0)

        Chart1. Series (0) . AddXY (CDbl (Rstr (1)), CDbl (Rstr (85)), "", 0) : Chart11. Series (0) . AddXY (CDbl (Rstr (1)), CDbl (Rstr (86)), "", 0)

        Chart1. Series (2) . AddXY (CDbl (Rstr (1)), CDbl (Rstr (85)), "", 0) : Chart11. Series (2) . AddXY (CDbl (Rstr (1)), CDbl (Rstr (86)), "", 0)

        If Rstr (67) <>"无" Or Rstr (68) <>"无" Or Rstr (69) <>"无" Or Rstr (70) <>"无" Or Rstr (71) <>"无" Or Rstr (72) <>"无" Then

        Chart1. Series (3) . AddXY (CDbl (Rstr (1)), CDbl

（Rstr（85）），""，0）：Chart11. Series（3）. AddXY（CDbl（Rstr（1）），CDbl（Rstr（86）），""，0）

    End If

   ElseIf Inum = 3 Then

    Dim dd1, dd2 As Double：dd1 = 5：dd2 = 6

    Chart1. Series（1）. AddXY（CDbl（Rstr（1）），dd1，""，0）：Chart11. Series（1）. AddXY（CDbl（Rstr（1）），dd2，""，0）

    Chart1. Series（0）. AddXY（CDbl（Rstr（1）），CDbl（Rstr（85）），""，0）：Chart11. Series（0）. AddXY（CDbl（Rstr（1）），CDbl（Rstr（86）），""，0）

    Chart1. Series（2）. AddXY（CDbl（Rstr（1）），CDbl（Rstr（85）），""，0）：Chart11. Series（2）. AddXY（CDbl（Rstr（1）），CDbl（Rstr（86）），""，0）

    If Rstr（67）<>"无" Or Rstr（68）<>"无" Or Rstr（69）<>"无" Or Rstr（70）<>"无" Or Rstr（71）<>"无" Or Rstr（72）<>"无" Then

     Chart1. Series（3）. AddXY（CDbl（Rstr（1）），CDbl（Rstr（85）），""，0）：Chart11. Series（3）. AddXY（CDbl（Rstr（1）），CDbl（Rstr（86）），""，0）

    End If

   ElseIf Inum = 4 Then

   Dim dd1, XX As Double：dd1 = 6：XX = （CDbl（Rstr（86））－1.8）* （CDbl（Rstr（85））－4）

    Chart1. Series（1）. AddXY（CDbl（Rstr（1）），dd1，""，0）：Chart1. Series（0）. AddXY（CDbl（Rstr（1）），XX，""，0）

    Chart1. Series（2）. AddXY（CDbl（Rstr（1）），XX，""，0）

    If Rstr（67）<>"无" Or Rstr（68）<>"无" Or Rstr（69）<>"无" Or Rstr（70）<>"无" Or Rstr（71）<>"无" Or Rstr（72）<>"无" Then

     Chart1. Series（3）. AddXY（CDbl（Rstr（1）），XX，""，0）

    End If

```
                End If
        End While
        dr = Nothing : cmd. Dispose ( ) : conn. Close ( ) : conn. Dispose ( ):
Exit Sub
    errorR：
                MsgBox (Err. Description, vbInformation + vbOKOnly, "数据库错误")
                cmd. Dispose ( ) '：dr. Close ( )
                conn. Close ( )
                conn. Dispose ( )
        End Sub
                On Error GoTo errorR
                Dim str11 As String = " Provider = Microsoft. Jet. OLEDB. 4. 0； Data
source =" & Application. StartupPath & "\ Stout. mdb " & "；Persist Security Info = False
" & "；jet oledb：database password =" & " 13228815115 "
        Dim conn As OleDbConnection ： conn = New OleDbConnection (str11) ：
conn. Open ( )
                Dim cmd As New OleDbCommand
                cmd. Connection = conn
                If RB11. Checked = True Then 条件选择参数赋值
                    CNum1 = 1 ：Plag1 = 1
                ElseIf RB12. Checked = True Then
                    CNum1 = 2 ：Plag1 = 2
                ElseIf RB13. Checked = True Then
                    CNum1 = 3 ：Plag1 = 3
                ElseIf RB14. Checked = True Then
                    CNum1 = 4 ：Plag1 = 4
                End If
                If CNum1 = 1 Then
                    cmd. CommandText =" select * from ［T11］ where ［M3］ =" &
LB11. Text & "" & " and ［M1］ =" & Trim (LB1. Text) & ""
                ElseIf CNum1 = 2 Then
```

```
                cmd. CommandText =" select  *  from ［T12］ where ［M3］ =" &
LB11. Text & "" & " and ［M1］ =" & Trim （LB1. Text) & ""
            ElseIf CNum1 = 3 Then
                cmd. CommandText =" select  *  from ［T13］ where ［M3］ =" &
LB11. Text & "" & " and ［M1］ =" & Trim （LB1. Text) & ""
            ElseIf CNum1 = 4 Then
                cmd. CommandText =" select  *  from ［T14］ where ［M3］ ="
&LB11. Text & "" & " and ［M1］ =" & Trim （LB1. Text) & ""
            End If
            Dim dr As OleDbDataReader = cmd. ExecuteReader
            Dim Rstr （1) As String
            If （dr. Read) = True Then
                dr. GetValues （StrInfo1)
            End If
            dr = Nothing ：cmd. Dispose （) ：conn. Close （) ：conn. Dispose （) ：
Exit Sub
    errorR：
            MsgBox （Err. Description，vbInformation + vbOKOnly，"数据库错误")
            cmd. Dispose （) ：dr. Close （)
            conn. Close （)
            conn. Dispose （)
    End Sub
    Private Sub Fresh （) 视频及图片查询
        Dim STR As String = Trim （StrInfo1 （3)) & Trim （StrInfo1 （4)) & Trim
（StrInfo1 （5)) & Trim （StrInfo1 （6))
            Dim PathLoad As String =""
            If Plag1 = 1 Then
                PathLoad = Application. StartupPath & " \ FILE \ 1 \ B1 \ " &
StrInfo1 （0) & "\ " & STR
            ElseIf Plag1 = 2 Then
                PathLoad = Application. StartupPath & " \ FILE \ 1 \ B2 \ " &
```

StrInfo1 （0） & " \ " & STR

    ElseIf Plag1 = 3 Then

     PathLoad = Application. StartupPath & " \ FILE \ 1 \ B3 \ " &
StrInfo1 （0） & " \ " & STR

    ElseIf Plag1 = 4 Then

     PathLoad = Application. StartupPath & " \ FILE \ 1 \ B4 \ " &
StrInfo1 （0） & " \ " & STR

    End If

    If System. IO. Directory. Exists （PathLoad） = False Then

     MsgBox （"文件夹不存在！", MsgBoxStyle. OkOnly, "错误"）：
Exit Sub

    End If

    If Not My. Computer. FileSystem. FileExists （PathLoad & " \ " & STR & "
. MP4 "） Then

     MsgBox （"视频文件不存在，请检查是否上传该文件！", Msg-
BoxStyle. OkOnly, "错误"）

    Else

    AxWindowsMediaPlayer2. settings. setMode （" loop ", True）

    AxWindowsMediaPlayer2. URL = PathLoad & " \ " & STR & "
. MP4 "

    AxWindowsMediaPlayer2. Ctlcontrols. stop （）

    AxWindowsMediaPlayer2. stretchToFit = True

    End If

    ListBox3. Items. Clear （）

    Try

    Dim dirs As String （） = System. IO. Directory. GetFiles
（PathLoad, " * . jpg "） '列出 C：\ 列出所有文件是 * . *

    Dim dir As String

    For Each dir In dirs

     ListBox3. Items. Add （dir）

    Next

```
    Catch ex As Exception
        Console. WriteLine ("The process failed：{0} ", ex. ToString ())
    End Try
End Sub
```

附录2 《工作面煤与瓦斯突出
预测规范》关键信息

引　言

突出矿井必须执行区域和局部（以下简称两个"四位一体"）综合防突措施，工作面煤与瓦斯突出危险性预测是一项重要内容、关键环节。高瓦斯矿井各煤层在新水平、新采区揭煤工作面、矿井深部井巷揭煤工作面等特定情况下也应开展工作面煤与瓦斯突出危险性预测。采掘工作面经工作面预测后划分为突出危险工作面和无突出危险工作面，未进行突出预测的采掘工作面视为突出危险工作面。突出危险工作面必须实施工作面防突措施和工作面防突措施效果检验。只有经效果检验有效后，方可进行采掘作业。因此，加强工作面煤与瓦斯突出危险性预测的规范操作、质量管控，提高预测的准确性、有效性，具有重大意义。

本标准以应急管理部 2022 年修订的《煤矿安全规程》、《防治煤与瓦斯突出细则》、河北省人民政府办公厅 2018 年印发的《河北省煤矿瓦斯综合治理办法》以及相关法律、法规、标准等为依据，按照煤矿安全风险分级管控与隐患排查治理双重预防机制建设的要求，结合现代安全管理方法和开滦集团公司实际编制而成。

本标准给出了本企业所属煤矿开展工作面煤与瓦斯突出危险性预测的总体要求、适用条件，重点规定了采用钻孔预测指标法实施工作面煤与瓦斯突出危险性预测的方法、工艺及流程、资料管理以及人员、设备与仪器仪表等内容，提出了突出矿井应使用专用钻屑收集装置、实行资料信息化管理等要求。

本标准的实施，旨在推动工作面煤与瓦斯突出危险性预测的规范化、标准化，提升企业防治煤与瓦斯突出的技术管理水平，防范煤与瓦斯突出重大事故的发生。

1 总体要求

工作面突出危险性预测应符合如下要求：

（1）工作面突出危险性预测的敏感指标和临界值应当试验确定，并作为判定工作面突出危险性的主要依据。

（2）预测方法应符合《煤矿安全规程》《防治煤与瓦斯突出细则》规定。

（3）突出矿井应配备专职防突工，对其开展定期和专项培训，持续提高素质和水平。

（4）使用专用且完好的设备、仪器仪表；选用的预测仪器应至少有 1 种具备储存、显示功能。

（5）预测钻孔应匀速钻进，钻进速度应控制在 1 m/min 左右。

（6）规范工艺流程，加强质量管控，确保预测质量可靠、过程可溯。煤巷掘进工作面、井巷揭煤工作面应采取现场视频录像措施。

（7）加强预测现场的安全管理，严格执行安全风险分级管控与隐患排查治理双重预防机制。

（8）应当在工作面推进过程中进行突出危险性预测，未进行工作面突出危险性预测前，工作面严禁施工，严禁超尺作业。

（9）突出矿井应使用专用钻屑收集装置。

（10）突出矿井预测资料实行纸质化和信息化双重管理。

（11）非突出矿井若不具备工作面突出危险性预测能力时，由二级公司予以协调，聘请具备能力的专业机构或人员实施。

（12）定期开展预测工作检查与总结，持续改进。

2 适用条件

2.1 适用范围

2.1.1 在两个"四位一体"综合防突措施中，工作面突出危险性预测的适用环节包括：

——区域验证；

——工作面突出危险性预测；

——工作面防突措施效果检验。

2.1.2 工作面突出危险性预测地点包括：

——井巷揭煤工作面；

——煤巷掘进工作面；

——采煤工作面。

2.1.3 工作面突出危险性预测应在工作面推进过程中进行。

2.2 适用情形与条件

包括但不限于以下情况，煤矿应开展工作面突出危险性预测。

（1）突出煤层的井巷揭煤工作面、煤巷掘进工作面和采煤工作面。

（2）突出矿井的非突出煤层在新水平、新采区揭煤工作面。

（3）高瓦斯矿井的各煤层在新水平、新采区揭煤工作面。

（4）矿井深部井巷揭煤工作面，有下列情况之一的：①矿井开采埋深大于800 m；②矿井瓦斯地质图所标明的或实测的，原始煤层瓦斯压力大于或等于 0.5 MPa 或原始煤层瓦斯含量大于或等于 6 m³/t 的区域；③煤厚异常变厚的区域或 f 值小于 0.2 的，且煤层埋深大于 500 m，并且矿井瓦斯地质图所标明的或实测的煤层瓦斯压力大于或等于 0.3 MPa 或原始煤层瓦斯含量大于或等于 4 m³/t 的区域；④有瓦斯喷出的煤层，或者在采掘、钻探过程中发生突出预兆的煤层；⑤经测定或预测地质构造应力异常的区域。

3 依据与方法

3.1 敏感指标和临界值

工作面突出危险性预测一般采用接触式预测方法，即钻孔预测指标法，敏感指标和临界值为判定工作面突出危险性的主要依据。敏感指标和临界值的确定及应用应符合《防治煤与瓦斯突出细则》的相关规定。

（1）突出矿井应当针对各煤层的特点和条件，试验确定工作面预测的敏感指标和临界值。

（2）敏感指标和临界值确定试验，应由具有煤与瓦斯突出鉴定资质的机构进行。

（3）敏感指标和临界值在试验前和应用前，应报集团公司总工程师批准。

（4）在临界值确定前，可暂按《防治煤与瓦斯突出细则》给出的参考临界值确定工作面突出危险性。

3.2 辅助预测指标及综合预测

为弥补钻孔预测指标法的缺陷与不足，提高工作面突出危险性预测的准确性、可靠性，鼓励煤矿根据实际条件，依靠科技进步，应用先进技术，增加一些辅助预测指标对工作面进行非接触式连续性突出危险性预测，并结合煤体结构和采掘作业、钻孔施工中的各种现象进行工作面突出危险性综合预测。

3.2.1　辅助预测指标包括但不限于：

——工作面瓦斯涌出量动态变化；

——AE 声发射；

——电磁辐射；

——钻屑温度；

——煤体温度。

3.2.2　采用物探、钻探等手段探测工作面前方地质构造，观察分析煤体结构和采掘作业、钻孔施工中的各种现象，进行工作面突出危险性预测。

3.2.2.1　工作面地质构造、采掘作业及钻孔等现象包括但不限于：

（1）煤层的构造破坏带，包括断层、剧烈褶曲、火成岩侵入等。

（2）煤层赋存条件急剧变化。

（3）采掘应力叠加。

（4）工作面出现喷孔、顶钻等。

（5）工作面出现明显的突出预兆。

3.2.2.2　在突出煤层，当出现 3.2.2.1（4）、（5）情况时，必须采取区域综合防突措施；当出现 3.2.2.1（1）、（2）、（3）情况时，除已经实施了工作面防突措施外，应当视为突出危险工作面并实施相关措施。

3.3　通过工作面突出危险性预测，判定工作面突出危险性

对于：

——判定为无突出危险工作面的，方可继续施工；

——判定为突出危险工作面的，执行工作面防突措施，并进行效果检验，直至判定为无突出危险工作面。

4　钻孔预测指标法

4.1　煤巷掘进工作面、采煤工作面突出危险性预测可采用以下一种或多种预测方法：

——钻屑指标法；

——复合指标法；

——R 值指标法；

——其他经试验证实有效的方法。

4.2 井巷揭煤工作面突出危险性预测应采用钻屑瓦斯解吸指标法或者其他经试验证实有效的方法。

4.3 工作面突出危险性的指标临界值试验考察确定前，采用4.1规定的预测方法。

5 组织与实施

5.1 钻屑指标法预测突出煤层采掘工作面突出危险性

5.1.1 申请

生产单位根据采掘工作面施工进度，提前1天向防突区（科）提出申请，并做好工作面突出危险性预测工作的前期准备。

5.1.2 人员配备与分工

5.1.2.1 采煤工作面突出危险性预测工作应至少配备4人，人员组成及其职责与分工如下。

（1）防突工至少1人：负责预测钻孔参数的确定、数据测定与记录，负责预测相关工作的指挥。

（2）预测协助工至少2人：负责预测钻孔施工，协助防突工收集钻屑。

（3）现场班（组）长1人：负责预测现场施工的安全管理及确认，并接受防突工指挥。

5.1.2.2 在5.1.2.1的基础上，煤巷掘进工作面突出危险性预测工作人员配备与分工应增加现场视频录像人员1人，由采掘生产单位增派，负责预测钻孔施工、参数测定等预测全过程的现场视频录像。

5.1.3 提前准备工作

在工作面预测确定时间的至少1个班次前，相关单位、人员进行各自负责工作准备。煤巷掘进工作面、采煤工作面预测工作所需仪器仪表、配件及相关材料参见附表1。

（1）防突工提前进行预测工作所需仪器仪表、配件及相关材料的准备与检查，确保完好、可靠。

（2）采掘生产单位技术负责人负责或指定专人做好现场预测所需钻具及配套设施、材料的准备，确保其完好、可靠，数量充足。

（3）采掘生产单位负责人提前组织对预测区域的安全风险辨识、评估和隐患排查,并进行风险分级管控和隐患治理,现场作业环境满足预测要求。

附表1 钻屑指标法预测采掘工作面突出危险性的设备、仪器基本配备

序号	设备仪器名称		数量	规格型号	推荐型号	用途/备注
1	钻孔施工设备	手持式风动钻机	1 台		ZQS-50/1.6	施工预测钻孔
2		麻花钻杆	15 根	φ42 mm× 1000 mm	φ40 mm 麻花钻杆	
3		钻头	若干	φ42 mm	φ42 mm 钻头	
4	瓦斯解吸仪	K_1 测定仪	1 台		WTC	应至少1种具备储存、显示功能
5		Δh_2 测定仪	1 台		MD-2	
6	钻屑量测定仪	钻屑收集器	1 个			
7		弹簧秤	2 个			用于钻屑称量
8	角度测量仪		1 个			
9	便携式矿用摄录像机或视频矿灯		1 台			采煤工作面预测不需要

注:配件及相关材料为分样筛、秒表、工具(扳手、钳子)、劳保用品、防尘口罩、尺子、相关记录手册(表格)、笔、粉笔等。

5.1.4 现场准备工作

在工作面预测当班现场,正式预测开始前,相关人员根据职责分工进行各自负责工作准备。

(1)采掘生产单位现场班(组)长负责对预测区域作业环境的安全确认。

(2)防突工负责:①检查钻杆、钻头等是否符合要求;②观察预测现场的瓦斯浓度、软分层厚度和断面形状等;③调试预测仪器仪表;④初步给定预测钻孔数量、开孔位置及角度等相关参数。

(3)预测协助工负责预测钻孔施工准备,包括连接钻机与压风管、检查并确认压风管路风压、备足钻杆与钻头等工作。

(4)录像人员负责检查、调试录像设备。

5.1.5 钻孔布置方式

5.1.5.1 煤巷掘进工作面预测钻孔布置方式如下:

(1)在近水平、缓倾斜煤层工作面应当向前方煤体至少施工3个预测钻孔,在倾斜或者急倾斜煤层至少施工2个预测钻孔。预测钻孔直径42 mm、孔深8~10 m。

(2)预测钻孔应当尽可能布置在软分层中,其中1个钻孔位于掘进巷道断面

中部，并平行于掘进方向，其他钻孔的终孔点应当位于巷道断面两侧轮廓线外 2~4 m 处。

（3）对于厚度超过 5 m 的煤层，应当向巷道上方或者下方的煤体适当增加预测钻孔。

（4）根据煤层走向坡角（或倾角）情况，预测钻孔开孔角度应在给定角度的基础上上仰 2°~6°。

［示例］

近水平、缓倾斜煤层工作面布置 3 个预测钻孔，钻孔布置示意如附图 1 所示。

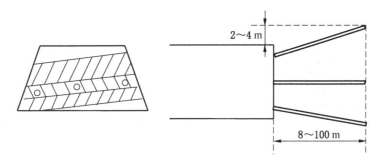

附图 1　煤巷掘进工作面预测钻孔布置图（近水平、缓倾斜煤层工作面）

倾斜、急倾斜煤层工作面布置 2 个预测钻孔，钻孔布置示意如附图 2 所示。

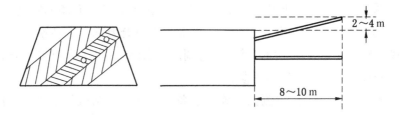

附图 2　煤巷掘进工作面预测钻孔布置图（倾斜、急倾斜煤层工作面）

5.1.5.2　采煤工作面预测钻孔布置方式

沿采煤工作面每隔 10~15 m 布置 1 个预测钻孔，深度 5~10 m。

5.1.6　数据采集

预测钻孔从第 2 m 深度开始，每钻进 1 m 测定该 1 m 段的全部钻屑量 S；每钻进 2 m 至少测定 1 次钻屑瓦斯解吸指标 K_1 或者 Δh_2 值。

5.1.7 危险性判定

5.1.7.1 工作面突出危险性判定主要依据：

（1）试验考察确定的临界值。

（2）在尚未试验考察确定临界值之前，暂按附表2中所列的临界值。

附表2 钻屑指标法预测掘进煤巷工作面和采煤工作面突出危险性的参考临界值

钻屑瓦斯解吸指标 Δh_2/Pa	钻屑瓦斯解吸指标 K_1/ $(mL \cdot g^{-1} \cdot min^{-1/2})$	钻屑量 S	
		kg $\cdot$ m^{-1}	L $\cdot$ m^{-1}
200	0.5	6	5.4

5.1.7.2 如果实测得到的 S、K_1 或者 Δh_2 的所有测定值均小于临界值，并且未发现其他异常情况，则该工作面预测为无突出危险工作面；否则，为突出危险工作面。

5.1.8 现场预测工艺流程

5.1.8.1 防突工给定预测钻孔开孔位置与角度，按照 5.1.5 规定执行。预测步骤如下：

（1）预测协助工开始进行预测钻孔施工。

（2）施工至孔深 2 m 时，预测协助工开始收集第 2~3 m 的钻屑；防突工进行钻屑称量，并将称重结果记录在预测报告单上。

（3）防突工取适量的第 2~3 m 钻屑，使用煤样筛，筛取粒径为 1~3 mm 的钻屑 10 g，进行钻屑瓦斯解吸指标（K_1 或 Δh_2）测定，并记录测定结果。

（4）在预测过程中，按照 5.1.7.1 和 5.1.7.2 规定进行工作面突出危险性判定。如果有突出危险性，执行 5.1.5.3。

（5）继续进行该预测钻孔的下一循环预测，按照 5.1.6 规定进行数据采集，测定步骤参照执行（2）～（4）。

（6）如钻孔施工至煤层顶（底）板或遇到夹矸，且无法达到预测深度时，该钻孔及其测定数据作废，防突工应重新给定预测钻孔开孔位置与角度。

（7）钻孔预测深度满足 5.1.5 的要求后，结束该钻孔的预测工作。

（8）继续开展下一个钻孔的预测，执行（1）～（7）。预测钻孔数量符合 5.1.5 规定。

（9）工作面预测确认结束后，防突工整理仪器仪表及相关报单，录像人员存储视频、关闭录像设备。

5.1.8.2　预测结束后：

（1）防突工填写现场防突管理牌板，班（组）长、瓦斯检查工签字确认。

（2）防突工、班（组）长、瓦斯检查工和预测协助工在预测报单上签字。

5.1.8.3　在预测过程中，出现但不限于以下情况时，应立即停止预测工作，防突工通知现场班（组）长立即停止该采掘工作面作业，按避灾路线撤离人员，并报告矿调度室。

（1）在预测过程中，测定的钻屑瓦斯解吸指标（K_1 或 Δh_2）或钻屑量（S）经判定有突出危险时。

（2）在预测过程中出现喷孔、顶钻等明显突出预兆时。

5.2　钻屑瓦斯解吸指标法预测井巷揭穿突出煤层工作面突出危险性

5.2.1　基本要求

（1）地质测量部门在井巷揭煤工作面距煤层法向距离 5 m 前下发停掘通知单。

（2）生产单位在施工过程中，严格控制好距煤层的法向距离，在距煤层法向距离不小于 5 m 位置停止掘进施工，并整理工作面现场环境，达到工作面预测现场要求。

（3）在工作面突出危险性预测前，矿总工程师负责组织编制《井巷揭煤工作面专项预测设计》（以下简称《专项预测设计》）。

5.2.2　人员配备与分工

5.2.2.1　现场预测工作人员一般由防突区（科）、钻探区（队）等单位人员组成，至少配备4人，其职责分工：

——防突工至少1人：负责数据测定与记录；

——钻探工至少3人，其中包括班（组）长1人：负责预测钻孔施工。同时，班（组）长负责预测钻孔现场施工期间的安全管理。

5.2.2.2　矿防突办公室、防突区（科）等相关业务部门、单位每班至少应安排1名管技人员现场盯岗，负责预测工作的协调与指挥。

5.2.3　仪器仪表与设备

预测工作所需设备、仪器仪表、配件及相关材料参见附表3。按照5.2.2.1的规定，预测人员提前做好各自的准备工作。

附表 3　钻屑瓦斯解吸指标法预测井巷揭煤突出危险性的设备与仪器基本配备

序号	设备仪器名称		数量	规格型号	推荐型号	用途/备注
1	钻孔施工设备	钻机	1 台		ZLJ-650	施工预测钻孔
2		钻杆	1 个	ϕ42 mm× 1000 mm	ϕ42 mm 外平钻杆	
3		钻头	若干	ϕ42 mm	ϕ75 mm 无芯钻头	
4	钻屑瓦斯解吸指标测定仪	K_1 测定仪	1 台		WTC	应至少 1 种具备储存、显示功能
5		Δh_2 测定仪	1 台		MD-2	
6	角度测量仪		1 个			
7	视频矿灯		1 个			录像

注：配件与材料为分样筛、秒表、工具（扳手、钳子）、劳保用品、防尘口罩、尺子、相关记录手册（表格）、笔、粉笔等。

5.2.4　现场准备工作

防突工负责：

——观察预测施工现场的瓦斯浓度；

——调试预测相关的仪器仪表；

——在合适的位置悬挂用于预测全过程现场录像的录像设备。

钻探班（组）长负责：

——预测钻孔施工前的安全确认；

——指挥钻探工按照《专项预测设计》给定的钻孔参数进行预测钻孔施工前的准备工作。

5.2.5　钻孔布置方式

在井巷中央或上部至少布置 1 个钻孔，在井巷两侧应各布置 1 个或 2 个钻孔。

[示例]

在井巷上部布置 1 个钻孔、两侧各布置 1 个钻孔，钻孔布置示意如附图 3 所示。

5.2.6　数据采集

在预测钻孔施工至见煤层后，每钻进 1 m，采集一次孔口排出的粒径为 1~3 mm 的煤钻屑，进行钻屑瓦斯解吸指标（K_1 或 Δh_2）测定。测定时，应当考虑

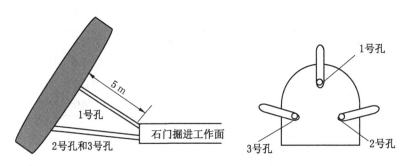

附图 3 井巷揭煤工作面预测钻孔布置示意图

不同钻进工艺条件下的排渣速度。

5.2.7 危险性判定

5.2.7.1 工作面突出危险性判定主要依据：

——试验考察确定的临界值；

——在尚未试验考察确定临界值之前，暂按附表 4 中所列的临界值。

附表 4 钻屑瓦斯解吸指标法预测井巷揭煤工作面突出危险性的参考临界值

煤样	钻屑瓦斯解吸指标 Δh_2/Pa	钻屑瓦斯解吸指标 K_1/(mL·g^{-1}·min$^{-1/2}$)
干煤样	200	0.5
湿煤样	160	0.4

5.2.7.2 如果所有实测的指标值均小于临界值，并且未发现其他异常情况，则该工作面预测为无突出危险工作面；否则，为突出危险工作面。

5.2.8 现场预测工艺流程

5.2.8.1 现场预测步骤：

（1）钻探工根据《专项预测设计》进行预测钻孔施工。

（2）在预测钻孔施工至见煤层后，防突工开始收集钻屑，使用煤样筛，筛取粒径为 1~3 mm 的钻屑 10 g，进行钻屑瓦斯解吸指标（K_1 或 Δh_2）测定，并记录测定结果。

（3）在预测过程中，突出危险性判定执行 5.2.7.1 和 5.2.7.2 的规定。如果有突出危险性，执行 5.2.8.2。

（4）继续该钻孔下一循环的预测，数据采集执行 5.2.6，测定步骤执行（2）、（3），直至该钻孔见煤层顶（底）板为止。

（5）继续开展下一钻孔的预测，执行（1）～（4）；预测钻孔数量符合

5.2.5 的规定。

（6）工作面预测确认结束后，防突工整理仪器仪表及相关报单，存储视频数据并关闭录像设备。

5.2.8.2 在预测过程中，出现但不限于以下情况时，应立即停止预测工作，防突工通知钻探班（组）长立即停止该工作面作业，按避灾路线撤离人员，并报告矿调度室。

（1）在预测过程中，测定的钻屑瓦斯解吸指标（K_1 或 Δh_2）判定有突出危险时。

（2）在预测过程中出现喷孔、顶钻等明显突出预兆时。

5.2.9 揭煤巷道全部或者部分在煤层中掘进期间，工作面突出危险性预测执行 5.1，并且根据煤层赋存状况分别在位于巷道轮廓线上方和下方的煤层中至少增加 1 个预测钻孔。

5.3 钻屑瓦斯解吸指标法预测井巷揭穿非突出煤层工作面突出危险性

5.3.1 突出矿井的非突出煤层在新水平、新采区揭煤工作面

工作面突出危险性预测参照 5.2 规定执行。

5.3.2 高瓦斯矿井的各煤层在新水平、新采区揭煤工作面

5.3.2.1 工作面突出危险性预测由矿总工程师负责组织实施，参照 5.2 规定执行。

5.3.2.2 煤矿不具备工作面突出危险性预测能力时，可委托专业机构或由二级公司协调聘请具备工作面突出预测能力的专业人员实施。

5.3.2.3 工作面突出危险性判定主要依据：

——相邻矿井同一煤层试验考察确定的临界值；

——若相邻矿井同一煤层尚未试验考察确定临界值，暂按附表 4 中所列的临界值。

5.3.2.4 如果所有实测的指标值均小于临界值，并且未发现其他异常情况，则该工作面预测为无突出危险工作面；否则，停止揭煤作业，按照有关规定执行。

5.3.3 矿井深部井巷揭煤工作面

属于 2.2（4）情形的矿井深部井巷揭煤工作面，其突出危险性预测参照 5.3.2 规定执行。

6 资料管理

6.1 纸质化管理

6.1.1 防突工在升井后应及时整理井下工作面突出危险性预测数据,填入报单,并履行签批手续。将报单、视频录像资料归类存档,长期保存。

6.1.2 防突区(科)技术负责人或矿防突办公室主管工程师应及时对预测有突出危险性的工作面进行分析,每月对工作面突出危险性预测工作进行总结,对工作面突出危险性趋势进行预测预报,并报矿防突副总工程师。

6.1.3 非突出矿井的通风区技术负责人应加强对工作面突出危险性预测资料的管理,并长期保存。

6.2 信息化管理

6.2.1 突出矿井工作面突出危险性预测资料应实行纸质化和信息化双重管理,信息化管理系统数据与纸质化管理资料一致。

6.2.2 工作面突出危险性预测资料信息化管理系统应至少具备以下主要功能:

——分类录入、保存预测数据信息;

——依据预测数据信息,计算或判定工作面突出危险性;

——上传并保存图纸、视频资料,包括预测地点的开拓布置图或瓦斯地质图、预测报告单扫描文件和视频录像文件;

——依据条件,准确查询录入相关信息;

——显示预测工作面突出危险性发展趋势。

6.2.3 工作面突出危险性预测资料信息化管理工作由防突区(科)技术负责人组织实施。

6.3 矿防突副总工程师应定期组织检查工作面突出预测资料管理情况,发现问题及时纠正。

7 持续改进

7.1 煤矿应建立健全工作面突出危险性预测相关管理制度,并认真落实。

7.2 煤矿应开展防突工定期和专项培训,持续提高防突工素质和水平。

7.3 煤矿应确保工作面突出危险性预测工作的资金投入,积极引进新设备、新仪器、新材料。

7.4 煤矿应依靠科技进步,不断提升工作面突出危险性预测技术水平。

7.5 矿防突副总工程师每月组织开展工作面突出危险性预测工作总结分析,针对发现的问题,及时汇报矿总工程师,矿总工程师应予以解决。

参 考 文 献

[1] 于不凡. 煤和瓦斯突出机理 [M]. 北京：煤炭工业出版社, 1985.

[2] 林柏泉. 三相泡沫流体密封技术及其应用 [M]. 徐州：中国矿业大学出版社, 1997.

[3] 蒋承林, 俞启香. 煤与瓦斯突出的球壳失稳机理及防治技术 [M]. 徐州：中国矿业大学出版社, 1998.

[4] 王雨虹, 刘璐璐, 付华, 等. 基于声发射多参数时间序列的瓦斯突出预测 [J]. 中国安全科学学报, 2018, 28 (5)：129-134.

[5] 姜波, 李云波, 屈争辉, 等. 瓦斯突出预测构造-地球化学理论与方法初探 [J]. 煤炭学报, 2015, 40 (6)：1408-1414.

[6] 刘雪莉, 游继军. 新型煤与瓦斯突出预测指标确定及应用 [J]. 煤炭科学技术, 2015, 43 (3)：56-58, 63.

[7] 崔大尉. 基于地震信息的煤与瓦斯突出预测与评价方法研究 [D]. 徐州：中国矿业大学, 2015.

[8] 张浪. 煤与瓦斯突出预测的一个新指标 [J]. 采矿与安全工程学报, 2013, 30 (4)：616-620.

[9] 崔鸿伟. 煤巷掘进工作面突出预测指标及其临界值研究 [J]. 煤炭学报, 2011, 36 (5)：808-811.

[10] 魏风清, 史广山, 张铁岗. 基于瓦斯膨胀能的煤与瓦斯突出预测指标研究 [J]. 煤炭学报, 2010, 35 (S1)：95-99.

[11] 李希建, 周炜光. 基于瓦斯峰谷比值法的炮掘工作面突出危险性预测 [J]. 煤炭学报, 2012, 37 (S1)：104-108.

[12] 邓明, 张国枢, 陈清华. 基于瓦斯涌出时间序列的煤与瓦斯突出预报 [J]. 煤炭学报, 2010, 35 (2)：260-263.

[13] 舒龙勇, 王凯, 齐庆新, 等. 煤与瓦斯突出关键结构体致灾机制 [J]. 岩石力学与工程学报, 2017, 36 (2)：347-356.

[14] 徐耀松, 邱微, 王治国. 基于小波 KP CA 与 IQGA-ELM 的煤与瓦斯突出预测研究 [J]. 传感技术学报, 2018, 31 (5)：720-725.

[15] 付华, 丰胜成, 高振彪, 等. 基于双耦合算法的煤与瓦斯突出预测模型 [J]. 中国安全科学学报, 2018, 28 (3)：84-89.

[16] 邓存宝, 张凯歌, 符孟崇, 等. 煤与瓦斯突出预测的正负靶心灰靶决策模型 [J]. 辽宁工程技术大学学报（自然科学版）, 2018, 37 (1)：31-36.

[17] 郭德勇, 郑茂杰, 郭超, 等. 煤与瓦斯突出预测可拓聚类方法及应用 [J]. 煤炭学报, 2009, 34 (6)：783-787.

[18] 尚鹏.基于多指标加权灰靶决策的煤与瓦斯突出预测指标研究 [D].阜新：辽宁工程技术大学，2014.

[19] 屠锡根，哈明杰.突出敏感指标初探 [J].煤矿安全，1991 (9)：15-21.

[20] 王佑安，王魁军.工作面突出危险性预测敏感指标确定方法探讨 [J].煤矿安全，1991 (10)：9-14.

[21] 周松元.煤与瓦斯突出预测敏感指标及临界值的确定 [J].湖南煤炭科技，1995 (9)：26-29.

[22] 孙东玲.突出敏感指标及临界值确定方法的探讨与尝试 [J].煤炭工程师，1996 (4)：3-7，49.

[23] 彭荣富.突出预测敏感指标及临界值确定研究 [D].北京：煤炭科学研究总院，2016.

[24] 李成武，付京斌.煤与瓦斯突出敏感指标的确定方法 [J].煤矿安全，2003 (S1)：72-74.

[25] 王世超，潘凤龙，申健.煤与瓦斯突出预测敏感指标确定及应用 [J].煤炭科学技术，2013，41 (5)：82-85.

[26] 赵涛涛.屯留煤矿煤与瓦斯突出危险性指标研究 [D].阜新：辽宁工程技术大学，2011.

[27] 张兆一.压裂煤体煤与瓦斯突出敏感指标及其临界值的确定 [J].矿业安全与环保 2019，46 (6)，93-97.

[28] 杨宏民，冉永进，陈立伟，等.谢桥矿突出预测敏感指标及临界值确定 [J].煤炭技术，2012，31 (5)：87-89.

[29] 史广山.告成矿 21021 回采工作面突出危险性预测敏感指标研究 [D].焦作：河南理工大学，2009.

[30] 张嘉勇，艾子博，吕华新，等.基于瓦斯涌出特征的钱家营矿掘进工作面突出预警系统应用 [J].矿业安全与环保 2020，47 (2)：61-65，69.

[31] 付建华，程远平.中国煤矿煤与瓦斯突出现状及防治对策 [J].采矿与安全工程学报，2007，24 (3)：253-259.

[32] 黄旭超，孙东玲.我国煤矿煤与瓦斯突出现状及预警技术的研究 [J].煤炭科学技术，2011，39 (7)：61-63，69.

图书在版编目（CIP）数据

开滦矿区工作面煤与瓦斯突出预测新技术/齐黎明，高旭，关联合著 . --北京：应急管理出版社，2021

ISBN 978-7-5020-9141-5

I.①开…　II.①齐…　②高…　③关…　III.①煤矿开采—回采工作面—研究—唐山　②煤突出—瓦斯突出—突出预测—研究—唐山　IV.①TD822　②TD713

中国版本图书馆 CIP 数据核字（2021）第 238144 号

开滦矿区工作面煤与瓦斯突出预测新技术

著　　者	齐黎明　高　旭　关联合
责任编辑	杨晓艳
责任校对	张艳蕾
封面设计	安德馨

出版发行　应急管理出版社（北京市朝阳区芍药居 35 号　100029）
电　　话　010-84657898（总编室）　010-84657880（读者服务部）
网　　址　www.cciph.com.cn
印　　刷　北京建宏印刷有限公司
经　　销　全国新华书店

开　　本　710mm×1000mm$^1/_{16}$　印张　$8^1/_4$　字数　139 千字
版　　次　2022 年 2 月第 1 版　2022 年 2 月第 1 次印刷
社内编号　20211283　　　　　定价　36.00 元